essentials

essentials liefern aktuelles Wissen in konzentrierter Form. Die Essenz dessen, worauf es als „State-of-the-Art" in der gegenwärtigen Fachdiskussion oder in der Praxis ankommt. *essentials* informieren schnell, unkompliziert und verständlich

- als Einführung in ein aktuelles Thema aus Ihrem Fachgebiet
- als Einstieg in ein für Sie noch unbekanntes Themenfeld
- als Einblick, um zum Thema mitreden zu können

Die Bücher in elektronischer und gedruckter Form bringen das Fachwissen von Springerautor*innen kompakt zur Darstellung. Sie sind besonders für die Nutzung als eBook auf Tablet-PCs, eBook-Readern und Smartphones geeignet. *essentials* sind Wissensbausteine aus den Wirtschafts-, Sozial- und Geisteswissenschaften, aus Technik und Naturwissenschaften sowie aus Medizin, Psychologie und Gesundheitsberufen. Von renommierten Autor*innen aller Springer-Verlagsmarken.

Marcel Hunecke

Psychologie und Klimakrise

Psychologische Erkenntnisse zum klimabezogenen Verhalten und Erleben

 Springer

Marcel Hunecke
Fachhochschule Dortmund
Dortmund, Deutschland

ISSN 2197-6708   ISSN 2197-6716 (electronic)
essentials
ISBN 978-3-662-66259-5   ISBN 978-3-662-66260-1 (eBook)
https://doi.org/10.1007/978-3-662-66260-1

Die Deutsche Nationalbibliothek verzeichnet diese Publikation in der Deutschen Nationalbibliografie; detaillierte bibliografische Daten sind im Internet über http://dnb.d-nb.de abrufbar.

Planung/Lektorat: Wiebke Würdemann
Springer ist ein Imprint der eingetragenen Gesellschaft Springer-Verlag GmbH, DE und ist ein Teil von Springer Nature.
Die Anschrift der Gesellschaft ist: Heidelberger Platz 3, 14197 Berlin, Germany

Was Sie in diesem *essential* finden können

- Die Beiträge der Psychologie zu einer nachhaltigen Entwicklung
- Die empirisch bewährten psychologischen Einflussfaktoren umwelt- und klimabezogenen Verhaltens
- Überblick und Systematisierung von Interventionen zur Förderung umwelt- und klimabezogenen Verhaltens
- Wirkmechanismen von psychischen Ressourcen, die sowohl das subjektive Wohlbefinden als auch gleichzeitig die Motivation zu einem nachhaltigen Lebensstil erhöhen
- Auswirkungen des Klimawandels auf das körperliche und psychische Wohlbefinden

Vorwort

Das vorliegende Essential basiert auf einer gekürzten Version des Studienbriefes „Umweltpsychologie und Nachhaltigkeit – Wechselwirkungen zwischen Person und Umwelt vor dem Hintergrund einer nachhaltigen Entwicklung", den ich für die Hamburger Fern-Hochschule (HFH) im Jahr 2022 verfasst und um mehrere systematisierende Aspekte ergänzt habe. Das Essential fasst dabei wesentliche psychologische Erkenntnisse für alle Akteure zusammen, die sich an der Lösung umwelt- und klimabezogener Krisen beteiligen wollen. Damit richtet sich das Essentials sowohl an Wissenschaftler*innen, die in der inter- und transdisziplinären Nachhaltigkeitsforschung aktiv sind, als auch an Praxisakteure aus der Umweltpolitik, -planung und -bildung, die ihr Erfahrungswissen in Prozesse der Umsetzung einer nachhaltigen Entwicklung einbringen (müssen).

Bochum   Marcel Hunecke
im August 2022

Inhaltsverzeichnis

Die Analyse der Wechselwirkungen zwischen Mensch und Umwelt steht im Zentrum des Erkenntnisinteresses der Umweltpsychologie. Hierbei zeigt sich, dass menschliches Verhalten zum einen direkt wahrnehmbare Umweltprobleme verursacht, z. B. Lärm oder Verschmutzung öffentlicher Räume durch Müll. Zum anderen führt das individuelle Verhalten von vielen Menschen über längere Zeiträume zu nicht direkt wahrnehmbaren globalen Umweltveränderungen, wie etwa dem Klimawandel und dem Verlust der Biodiversität. Bereits vor fünf Dekaden machte der Club of Rome auf die globalen Dimensionen von Umweltproblemen aufmerksam, die aus einem stetigen Wirtschaftswachstum resultieren (Meadows et al., 1972). Die Gefahren eines grenzenlosen Wirtschaftswachstums lassen sich mittlerweile anhand von neun planetaren Grenzen konkretisieren, deren dauerhaftes Überschreiten die gegenwärtig vorhandenen Lebensbedingungen der Menschen auf der Erde gefährdet (Rockström et al., 2009). Für diese planetaren Grenzen lassen sich naturwissenschaftlich quantifizierte Grenzwerte bestimmen, z. B. die CO_2-Konzentration in der Erdatmosphäre oder der Anteil des Waldes auf der Erdoberfläche. Einige dieser Grenzwerte haben kritische Bereiche überschritten, z. B. im Hinblick auf die Nitrat- und Phosphorkreisläufe und die Biodiversität (Steffen et al., 2015). Weiterhin besteht eine zentrale Herausforderung für eine nachhaltige Entwicklung darin, den globalen Temperaturanstieg auf 1,5 bis maximal 2 Grad zu begrenzen. Hierzu müssen die Treibhausgasemissionen in den nächsten Jahrzehnten weltweit drastisch reduziert werden. Im Sinne dieses Ziels hat sich die Europäische Kommission verpflichtet, die Treibhausgasemissionen in Europa bis 2050 im Vergleich zum Referenzjahr 1990 auf 0 % zu senken.

Im Rahmen einer nachhaltigen Entwicklung müssen ökologische, ökonomische und soziale Aspekte in eine Balance überführt werden, die sowohl die Funktionsfähigkeit der ökologischen Systeme erhält als auch möglichst vielen

Menschen eine zufriedenstellende Lebensqualität sichert. Drei grundlegende Strategien lassen sich zur Umsetzung einer nachhaltigen Entwicklung anwenden: erstens die Steigerung der Effizienz bei der Nutzung natürlicher Ressourcen, die durch technologische und organisatorische Innovationen den Ressourcenverbrauch verringert (Weizsäcker et al., 1995); zweitens die Konsistenzstrategie, die anstrebt, anthropogene und natürliche Stoffströme so auszurichten, dass die natürlichen Systeme nicht aus dem Gleichgewicht gebracht werden (Huber, 2000), z. B. durch den Verzicht auf chemische Düngemittel in der Landwirtschaft. Die Suffizienz als dritte Nachhaltigkeitsstrategie (Fischer & Grießhammer, 2013) zielt auf ein nachhaltiges Maß im Konsumverhalten ab, das die planetaren Grenzen nicht überschreitet. Dies lässt sich in erster Linie durch ein Weniger an Konsum oder durch veränderte Formen des Konsumverhaltens, wie die gemeinschaftliche Nutzung von Gütern (z. B. Sharingdienste), sowie durch Eigenproduktion (z. B. Gemüseanbau) oder Verlängerung von Nutzungsphasen (z. B. durch die Reparatur von Gütern) erreichen. Damit zielt die Suffizienzstrategie unmittelbar auf Veränderungen im individuellen Verhalten ab und ist untrennbar mit der Frage nach dem rechten Maß an Ressourcenverbrauch für ein gutes Leben verbunden.

Durch ihre Analyse der Einflussfaktoren und Veränderungsmöglichkeiten individuellen Verhaltens widmet sich die Psychologie vor allem Aspekten der Suffizienzstrategie. Gleichwohl lassen sich psychologische Erkenntnisse auch zur Unterstützung der stärker technologisch und organisatorisch orientierten Effizienz- und Konsistenzstrategie anwenden. So beeinflussen individuelle Einstellungen und Überzeugungen die Akzeptanz und Adaption von innovativen und nachhaltigen Technologien, die sowohl einen effizienteren als auch einen konsistenteren Ressourcenverbrauch ermöglichen, wie beispielsweise die Nutzung von Elektrofahrzeugen oder Kleidung aus Recyclingmaterialien. Das vorliegende Essential fasst wesentliche psychologische Erkenntnisse zusammen, die einen Beitrag zur Realisierung einer nachhaltigen Entwicklung leisten können. Hierzu erfolgt in Kap. 2 eine Systematisierung der unterschiedlichen Formen nachhaltigen Verhaltens. In Kap. 3 werden die wichtigsten Erkenntnisse der Umweltpsychologie zur Förderung umwelt- und klimaschonenden Verhaltens zusammengefasst. Ein umfassender kultureller Wandel in Richtung Nachhaltigkeit kann jedoch nur dann erfolgen, wenn nicht nur einzelne Verhaltensweisen, sondern die Lebensstile in der gesamten Bevölkerung nachhaltig ausgerichtet werden. Dies kann nur gelingen, wenn nachhaltige Lebensstile für den Einzelnen nicht mit einer Bedrohung, sondern mit der Hoffnung auf einer Steigerung oder Sicherung seines subjektiven Wohlbefindens einhergehen. Der Ansatz der psychischen Ressourcen für nachhaltige Lebensstile eröffnet eine derartige Perspektive durch seine Integration von Erkenntnissen aus der Umweltpsychologie, Positiven Psychologie und Gesundheitspsychologie. In Kap. 4 werden die Folgen des Klimawandels auf einer individuellen Ebene beschrieben, die sich vor allem in einem Anstieg klimabezogener Ängste manifestieren. Abschließend werden in diesem Essential Strategien aufgezeigt, wie der Klimawandel so kommuniziert werden kann, dass dieser bei der oder dem Einzelnen nicht zu Macht- und Hilflosigkeit führt, sondern das individuelle und kollektive Handeln zum Klimaschutz fördert.

Nachhaltiges Verhalten aus individueller Perspektive

Abb. 2.1 gibt einen Überblick der wichtigsten Akteure, die an der Umsetzung einer nachhaltigen Entwicklung beteiligt sind und zeigt wichtige gegenseitige Wirkungszusammenhänge zwischen diesen auf. Die psychologischen Erkenntnisse können dabei auf vierfache Weise zur Lösung umwelt- und klimarelevanter Probleme beitragen: 1) über den individuellen Ressourcenverbrauch („ökologischer Fußabdruck"), der aus dem Alltagsverhalten in den Bereichen Mobilität, Ernährung, Wohnen und Konsum resultiert; 2) die Mitbestimmung in und Mitgestaltung von Organisationen und Institutionen durch deren Mitglieder, wie Unternehmen, Schulen oder Vereine; 3) die aktive Mitgestaltung politischer Rahmenbedingungen über direktes politisches oder bürgerschaftliches Engagement sowie das Wahlverhalten und die Akzeptanz von politisch festgelegten Rahmenbedingungen, wie Ge- und Verboten sowie Steuergesetzen und 4) die Akzeptanz von Maßnahmen zur nachhaltigen Gestaltung von materiellen Infrastrukturen, die sich nicht nur in deren positiver Bewertung, sondern auch in deren aktiver Nutzung ausdrückt.

► Die Aktivitäten in den Themenkomplexen (2) bis (4) werden auch als ökologischer Handabdruck bezeichnet, den eine Person durch ihr politisches und gesellschaftliches Engagement für eine nachhaltige Entwicklung verursacht (Germanwatch, 2015).

Die in Abb. 2.1 vorgenommene Systematisierung psychologisch relevanter Verhaltensbereiche ist noch relativ grob und lässt sich hinsichtlich weiterer Aspekte differenzieren. Zum einen in Bezug auf die soziale Bezugsebene, auf die individuelles Verhalten eine Wirkung erzielen kann: private Sphäre, soziale Netzwerke, Organisationen und gesellschaftliche Rahmenbedingungen (Amel et al., 2017).

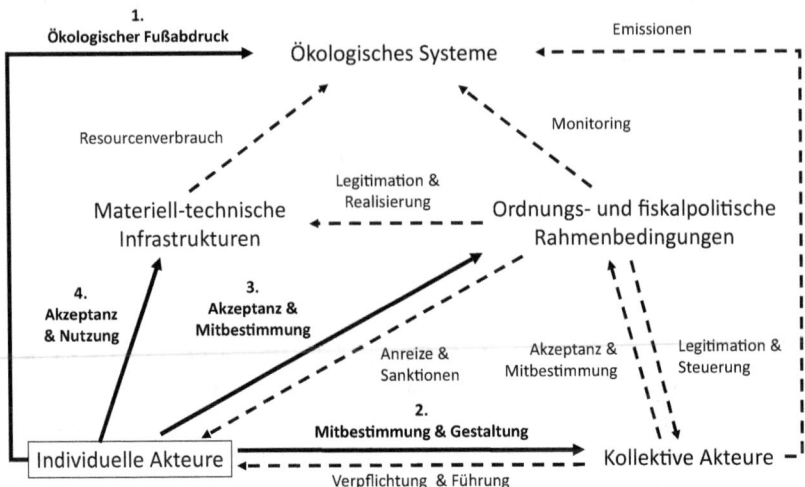

Abb. 2.1 Zusammenwirken von Akteuren und Prozessen im Rahmen einer nachhaltigen Entwicklung (unter Hervorhebung der Wirkungsbereiche individueller Akteure). (in Anlehnung an Hunecke, 2022, S. 24) (Oekom Verlag)

Zum anderen in Bezug auf Merkmale von nachhaltigem Verhalten, die unabhängig von individuumsinternen Prozessen erfasst und quantifiziert werden können: Richtung, Häufigkeit, Sichtbarkeit, Anzahl der beteiligten Personen und ökologische Wirkung. Während die ersten vier Verhaltensmerkmale Richtung, Häufigkeit, Sichtbarkeit und Personenzahl direkt durch Beobachtungen erfasst werden können, muss die Dimension der ökologischen Wirksamkeit (ecological impact) methodisch aufwendig durch die Anwendung naturwissenschaftlicher Erkenntnisse quantifiziert werden. Diese ökologische Impact-Perspektive ergänzt dabei die auf individuumsinterne Prozesse gerichtete Intent-Perspektive der Psychologie auf komplementäre Weise (Stern, 2000). Durch die zusätzliche Berücksichtigung der ökologischen Wirkungsperspektive kann vermieden werden, dass sich die Psychologie zu sehr mit ökologisch weniger relevantem Verhalten, wie z. B. dem Trennen von Müll, beschäftigt und dabei ökologisch hoch relevantes Verhalten, wie z. B. Flugreisen zu wenig berücksichtigt.

In Tab. 2.1 sind für jede Kombination der vier sozialen Wirkebenen und der fünf Verhaltensmerkmale jeweils zwei Verhaltensweisen exemplarisch aufgeführt, die einen der beiden Pole der jeweiligen Verhaltensmerkmale abbilden. Will man dazu die Einflussfaktoren nachhaltigen Verhaltens in ihrer Gesamtheit verstehen, müssen zusätzlich zu den von außen beobachtbaren Verhaltensmerkmalen noch individuumsinterne Prozesse berücksichtigt werden. Diese internalen Einflussfaktoren lassen sich nicht in derselben Weise wie die analytischen Kategorien in Tab. 2.1 objektivieren, sondern müssen für Personen jeweils individuell und kontextspezifisch erfasst werden. Genau an dieser Stelle setzen umweltpsychologische Theorien an, die nachhaltiges Verhalten aus dem Zusammenwirken von individuumsinternen und objektivierbaren situativen Einflussfaktoren erklären.

Tab. 2.1 Systematisierung von nachhaltigem Verhalten hinsichtlich unterschiedlicher Wirkebenen und Verhaltensmerkmale mit exemplarischen Beispielen

	Richtung *Ausführen vs. Vermeiden*	Häufigkeit *singulär vs. häufig*	Sichtbarkeit *privat vs. öffentlich*	Anzahl beteiligter Personen *wenige vs. viele*	Ökologische Wirkung *hoch vs. niedrig*
Private Sphäre	fleischreduzierte Ernährung vs. Verzichten auf Fernreisen	Wechsel zu einer ökologischen Bank vs. Nutzung des Fahrrads für Wege unter 3 km	Stromverbrauch vs. Modelltyp des eigenen Pkws	Kleidungskonsum vs. Heizverhalten in Mehrpersonenhaushalten	Flugreisen einschränken vs. Nutzung der Standby-Funktion bei Elektrogeräten
Soziale Netzwerke	gemeinschaftliches Gärtnern vs. Verzicht auf Neukauf von Werkzeugen, die gemeinsam genutzt werden	Anschaffung einer in der Nachbarschaft gemeinsam genutzten Solaranlage vs. Verfassen eines Blogs über nachhaltiges Reisen	Spenden für selbstorganisierte Umweltprojekte vs. Organisation von Infoabenden in der Nachbarschaft	Bestellung von Biolebensmittelkisten für Hausgemeinschaften vs. Mitwirken bei Kleidertauschparties	gemeinschaftliche Nutzung von Pkws mit Freund*innen oder Nachbar*innen vs. Müllsammelaktion

(Fortsetzung)

Tab. 2.1 (Fortsetzung)

Organisationen	als Mitglied in einer Organisation auf innovative Maßnahmen zum Klimaschutz in der Organisation hinweisen vs. Videokonferenzen statt Dienstreisen durchführen	sich bei der Neuanschaffung von Geräten für klimaschonende Modelle einsetzen vs. energiesparendes Lüften von Räumen	die eigene Stimme bei Gremienwahlen nachhaltigkeitsorientierten Vertreter*innen geben vs. Mitarbeit an einem Nachhaltigkeits-/CSR-Bericht	bei der Arbeit nachhaltiges Essen für den Kolleg*innenkreis für die Mittagspause organisieren vs. Mitwirken in einer nachhaltig orientierten Genossenschaft	Einsatz für die Produktion nachhaltiger Produkte in der eigenen Organisation vs. Papiersparen im Büro
Gesellschaftliche Rahmenbedingungen	Engagement für die Förderung der Biodiversität vs. Boykott von Unternehmen und Institutionen, die das Klima belasten	Petition für die Durchführung einer Klimaschutzmaßnahme unterzeichnen vs. Mitwirken bei klimarelevanten Entscheidungen im Stadt- oder Gemeinderat	Teilnahme an Bundestags-, Landtags- und Kommunalwahlen vs. Teilnahme an einer öffentlichen Protestaktion	persönlicher Brief an Politiker*innen vs. Unterstützung eines Bürgerbegehrens	Engagement für höhere Preise von CO_2-Zertifikaten vs. Engagement für Verbot von Plastiktüten in Supermärkten

Psychologische Theorien zur Erklärung und Veränderung klimabezogenen Verhaltens

Die am häufigsten in Richtung der Umweltpsychologie gestellte Frage lautet, wie die Kluft zwischen umweltbewusstem Wissen sowie umweltbewussten Einstellungen und umwelt- und klimabelastendem Verhalten zu erklären ist. Fast jeder Mensch besitzt eine implizite Handlungstheorie darüber, aus welchen Gründen sich Menschen wie verhalten. Abb. 3.1 expliziert eine einfache Handlungstheorie über die Einflussfaktoren nachhaltigkeitsrelevanten Verhaltens.

Die Intentions-Verhaltens-Lücke resultiert dabei vor allem aus dem Verhaltensaufwand, der von dem bzw. der Einzelnen für umwelt- und klimaschonendes Verhalten überwunden werden muss. Damit beschreibt der Verhaltensaufwand vor allem den Aspekt des Könnens beim Umweltverhalten. An dem Aspekt des Wollens bis hin zum Ausbilden einer bewussten Intention sind vielfältige intrapsychische Prozesse der Informationsbearbeitung und -bewertung beteiligt. So beeinflussen individuelle Werte das Verhalten indirekt über Normen, Einstellungen und Überzeugungen. Weiterhin wirken Werte darauf ein, welches Wissen bevorzugt in den Aufmerksamkeitsfokus gelangt und damit elaborierter verarbeitet werden kann (vgl. gestrichelte Linie in Abb. 3.1).

3.1 Psychologische Handlungstheorien für umweltbezogenes Verhalten

Psychologische Handlungsmodelle explizieren die in Abb. 3.1 noch recht allgemein beschriebenen psychologischen Prozesse und Mechanismen, die umweltbezogenem Verhalten zugrunde liegen. Die drei wichtigsten psychologischen Handlungstheorien, die zur Erklärung umweltbezogenen Verhaltens angewendet werden, sind die Theory of Planned Behavior (TPB) nach Ajzen (1991), das

M. Hunecke, *Psychologie und Klimakrise*, essentials, https://doi.org/10.1007/978-3-662-66260-1_3

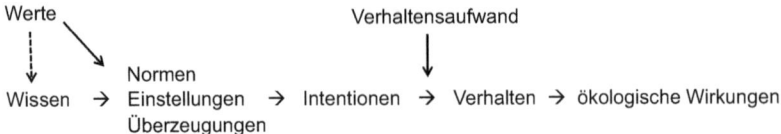

Abb. 3.1 Allgemeine Einflussfaktoren nachhaltigen Verhaltens. (Eigene Darstellung)

Norm Activation Model (NAM) von Schwartz (1977) und die Theory of Interpersonal Behavior (TIB) nach Triandis (1977). Diese drei Theorien werden in Abb. 3.2 zueinander in Beziehung gesetzt. Der Erklärungsanspruch dieser drei Theorien richtet sich auf bewusste und zielgerichtete Formen des Verhaltens und ist in vielen empirischen Studien, u. a. auch zum Umweltverhalten, überprüft worden, so z. B. im direkten Vergleich bei Bamberg und Schmidt (2003). In Abb. 3.2 ist zusätzlich noch als vierte Handlungstheorie das Value-Belief-Norm (VBN) Model aufgeführt, das speziell zur Erklärung von Umweltverhalten entwickelt wurde (Stern et. al., 1999). Das VBN-Modell orientiert sich stark am NAM und berücksichtigt in Form von allgemeinen Werten und umweltspezifischen Überzeugungen (new environmental paradigm) noch weitere für das Umweltverhalten relevante Einflussfaktoren. Die Markierungen in Abb. 3.2 verdeutlichen, dass größere inhaltliche Überschneidungsbereiche zwischen den vier dort aufgeführten Theorien existieren und somit die Anzahl der handlungstheoretischen Konstrukte zur Erklärung umweltbezogenen Verhaltens überschaubar bleibt.

Die Bedeutung der handlungstheoretischen Konstrukte zur Erklärung des Umweltverhaltens wird durch mehrere Metaanalysen bestätigt. Nach Bamberg und Möser (2007) erweist sich die Intention als einziger direkter Prädiktor für das Umweltverhalten und kann damit knapp ein Drittel der Varianz im Umweltverhalten ($R^2 = 27$ %) aufklären. Weitere handlungstheoretische Konstrukte weisen indirekte Zusammenhänge zum Umweltverhalten auf. Dabei stammt das Konstrukt Einstellung aus der TPB und die Konstrukte personale moralische Norm, Problemwahrnehmung und interne Verantwortungszuschreibung aus der NAM bzw. dem VBN-Modell. Die subjektive soziale Norm und die wahrgenommene Verhaltenskontrolle sind sowohl zentrale Konstrukte der TPB und der TIB als auch des NAM. Von der Struktur der ermittelten Zusammenhänge her entsprechen die Ergebnisse dieser Metaanalyse am ehesten der TPB, die um wesentliche Konstrukte aus dem NAM erweitert wird. Für die Konstrukte Verhaltensintention, moralische Normen, Einstellungen und Varianten der Selbstwirksamkeit konnten bereits in Metaanalysen aus den 1980er-Jahren Zusammenhänge zum Umweltverhalten nachgewiesen werden (Hines et al., 1986). Diese Befunde decken sich mit

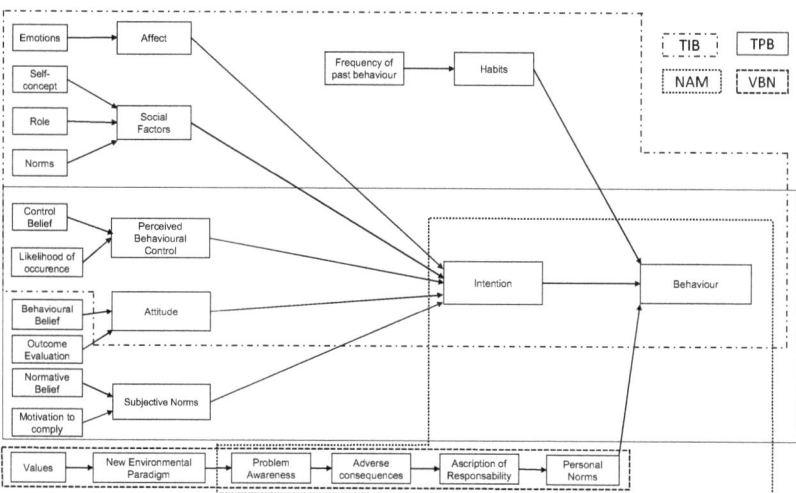

Abb. 3.2 Überblick über die wichtigsten psychologischen Handlungstheorien (in Anlehnung an Pronello & Gaborieau, 2018, S. 8). (MDPI Open access CC 4.0)

den Ergebnissen einer weiteren Metaanalyse von Klöckner (2013), in der zusätzlich noch schwache, aber direkte Zusammenhänge von der wahrgenommenen Verhaltenskontrolle und von Verhaltensgewohnheiten („Habits") zum Umweltverhalten nachgewiesen werden konnten. Durch diese beiden zusätzlichen direkten Einflussfaktoren erhöht sich die aufgeklärte Varianz im Umweltverhalten auf 36 %.

Auf der Grundlage der empirischen Erkenntnisse aus der Umweltpsychologie lassen sich nicht nur die psychologischen Konstrukte benennen, die zur Erklärung von umweltbezogenem Verhalten berücksichtigt werden sollten, sondern auch diejenigen, die zur Veränderung desselben notwendig sind.

▶ Hierbei handelt es sich um die Konstrukte Verhaltensintention, wahrgenommene Verhaltenskontrolle (Selbstwirksamkeit), personale (moralische) Normen, subjektiv wahrgenommene soziale Normen, Einstellungen und ökologisches Problembewusstsein.

Die Reihenfolge der hier aufgeführten Konstrukte leitet sich aus der Stärke ihres Zusammenhang mit dem Umweltverhalten ab. Neben diesen hier aufgeführten handlungstheoretischen Konstrukten haben sich weitere psychologische

Konstrukte zur Erklärung des Umweltverhaltens als relevant erwiesen. Jedoch lassen sich für diese Konstrukte meist nur sehr schwache und allenfalls indirekte Zusammenhänge zum Umweltverhalten nachweisen. Häufig werden in diesem Zusammenhang Werte genannt, die vor allem in biozentrischen, altruistischen und teilweise in egoistischen Ausprägungen positiv mit dem Umweltverhalten zusammenhängen (Schultz, 2001). Werte beeinflussen dabei das Umweltverhalten, über moralische und soziale Normen vermittelt, jedoch nur auf indirekte Weise.

Weiterhin sind Zusammenhänge zwischen der Selbst-Identität von Personen und dem Umweltverhalten nachgewiesen worden. So beeinflusst die Selbstzuschreibung einer Identität als grüner Konsument (Sparks & Shepard, 1992) oder als Umweltaktivist (Fielding et al., 2008) das Umweltverhalten positiv. Die Zusammenhänge waren hier allerdings im Vergleich zu den bereits bekannten handlungstheoretischen Konstrukten gering. Hierauf aufbauend wurde verstärkt der Einfluss von sozialen Identitäten auf Formen des kollektiven Klimaschutzhandelns untersucht. Im Social Identity Model of Pro-Environmental Action (SIMPEA) (Fritsche et al., 2018) werden mit der Identifikation mit der eigenen Bezugsgruppe, Wahrnehmung umweltrelevanter Eigengruppennormen und Einschätzung der Wirksamkeit des kollektiven Handelns drei Faktoren benannt, die eine Motivation zum gemeinschaftlichen Umweltschutzhandeln positiv beeinflussen. Insgesamt ergänzen die Konstrukte der Theorie der sozialen Identität und des SIMPEA-Modells die stärker individualistisch orientierten Handlungstheorien TPB und NAM um die Perspektive von Gruppenprozessen (Fielding & Hornsey, 2016).

Mit der Identifikation der wichtigsten psychologischen Konstrukte ist der erste Schritt zu einer handlungstheoretisch fundierten Erklärung des Umweltverhaltens vollzogen. In einem zweiten Schritt muss noch das Zusammenwirken der handlungstheoretischen Konstrukte bzw. deren Bedeutung für unterschiedliche Phasen im Prozess von zielgerichteten und dauerhaften Verhaltensänderungen expliziert werden. Dies erfolgt unter der besonderen Berücksichtigung von Handlungsphasen erfolgt im Stage Model of Self-Regulated Behavior Change (SSBC) von Bamberg (2013a). Das SSBC unterscheidet in Anlehnung an die Mindset Theory of Action Phases (MAP) von Gollwitzer (1990) die vier Handlungsphasen Prädezision, Präaktion, Aktion und Postaktion. Dabei werden vor allem Konstrukte aus der Theorie des geplanten Verhaltens und dem Norm Activation Model in das SSBC integriert. Weiterhin werden Ziel-, Verhaltens- und Implementierungsintentionen unterschieden, die den Übergang von der Planung zur Ausführung eines Verhaltens erklären. Das SSBC konnte hinsichtlich der Veränderung der privaten Pkw-Nutzung (Bamberg, 2013b), des Fleischkonsums (Klöckner & Prugsamatz Ofstad, 2017) und des biologischen Lebensmittelkonsums (Richter & Hunecke, 2020) empirisch bestätigt werden.

3.2 IMPUR-Schema zur Systematisierung von Interventionen zur Veränderung klimabezogenen Verhaltens

In der Umweltpsychologie sind Systematisierungen von Interventionen zur Förderung umweltschonenden Verhaltens mit unterschiedlichen Differenzierungsgraden und inhaltlichen Ausrichtungen erstellt worden. Die umfassendste Systematisierung unterscheidet 57 Interventionen für umweltbezogenes Verhalten, die den Bereichen Ge- und Verbote, marktwirtschaftliche Instrumente, Service- und Infrastrukturelemente, Vereinbarungen sowie Kommunikations- und Diffusionsinstrumente zugeordnet werden (Kaufmann-Hayoz et al., 2001, S. 40). Interventionen, die primär auf die Veränderungen von innerpsychischen Prozessen abzielen, werden dem Bereich der Kommunikations- und Diffusionsinstrumente zugeordnet. Dabei werden 15 Interventionen benannt, wie beispielsweise Zielklärungen, Selbstverpflichtungen und Appelle. Eine weitere, stärker psychologisch ausdifferenzierte Systematisierung liefern Mosler und Tobias (2007), die insgesamt 54 Interventionen unterscheiden. Davon zielen 35 Interventionen auf Veränderungen im Individuum ab, die den Einzelnen oder die Einzelne auf Möglichkeiten nachhaltigen Verhaltens hinweisen oder die Verbreitung nachhaltigen Verhaltens in größeren Personengruppen fördern.

Im Folgenden wird mit dem IMPUR-Schema eine Systematik zur Ableitung von Interventionen zur Veränderung von Umweltverhalten vorgestellt. Durch das IMPUR-Schema soll eine möglichst optimale Balance zwischen dem Differenzierungsgrad und der Anwendbarkeit umweltpsychologischer Erkenntnisse erreicht werden. Damit bietet das IMPUR-Schema allen Wissenschaftler*innen aus der interdisziplinären Nachhaltigkeitsforschung einen Überblick über die zentralen psychologischen Konzepte und Strategien zur Verhaltensänderung. Gleichzeitig soll das IMPUR-Schema ausreichend Anschlussmöglichkeiten zum Erfahrungswissen von Praxisakteur*innen aus der Zivilgesellschaft, Wirtschaft und Politik aufzeigen, um damit eine transdisziplinäre Wissensintegration in der Nachhaltigkeitsforschung zu ermöglichen. Die Struktur des IMPUR-Schemas basiert auf den Handlungsphasen des transtheoretischen Modells (TTM) von Prochaska und Velicer (1997), die in vergleichbarer Form auch dem Stage Model of Self-Regulated Behavior Change (SSBC) von Bamberg (2013a) zugrunde liegen. Im IMPUR-Schema werden fünf Handlungsphasen unterschieden, in denen jeweils eine zentrale Herausforderung im Prozess einer intendierten Verhaltensänderung bewältigt werden muss. Aus den fünf Herausforderungen (I)nformation, (M)otivation, (P)lanung, (U)msetzung und (R)outinisierung leitet sich der Name des IMPUR-Schemas ab (vgl. Tab. 3.1).

Tab. 3.1 IMPUR-Schema zur Systematisierung von Handlungsphasen im Prozess der freiwilligen Änderung des Umweltverhaltens (Huncke, 2022, S. 37)

Handlungsphase	Herausforderung	Zentrale Konstrukte	Interventionsstrategien
Sorglosigkeit	Information	Problembewusstsein	Aufmerksamkeitslenkung und Wissensvermittlung
Intentionsbildung	Motivation	Personale Norm Subjektive soziale Norm Einstellungen zur wahrgenommenen Zielerreichbarkeit Zielintention	Neubewertung individueller Vor- und Nachteile & Neustrukturierung von Zielhierachien
Handlungsvorbereitung	Planung	Implementierungsintention Motivationale Selbstwirksamkeit	Konkretisierung von Handlungszielen & Handlungsplänen
Handlungsausführung	Umsetzung	Wahrgenommene Verhaltenskontrolle	Bereitstellung unterstützender sozialer, organisatorischer, infrastruktureller, technologischer Angebote & soziale Unterstützung
Aufrechterhaltung	Routinisierung	Aufrechterhaltungs- & Wiederherstellungs-Selbstwirksamkeit	Positive Verstärkung & Rückfallprävention

Die Zuordnung der handlungstheoretischen Konstrukte zu den fünf Handlungsphasen folgt im IMPUR-Schema weitgehend den Annahmen des SSBC. Gegenüber dem SSBC wird allerdings die Phase der Sorglosigkeit ergänzt, die inhaltlich der präkontemplativen Phase im TTM entspricht. Hiernach muss vor der Stärkung der Motivation für Verhaltensänderungen zuerst ein Problembewusstsein hinsichtlich des aktuell praktizierten Verhaltens geschaffen werden. Die Zuordnung der Interventionsstrategien zu den fünf Handlungsphasen resultiert im IMPUR-Schema aus einer Synthese der in Warschburger (2009, S. 89) zum TTM und in Bamberg et al. (2011, S. 232) zum SSBC aufgeführten Interventionen bzw. Interventionstypen. Die handlungstheoretisch fundierten Interventionen aus der Umweltpsychologie liefern einen allgemeinen Orientierungsrahmen für Maßnahmen und Aktionen zur Förderung nachhaltigen Verhaltens. Jedoch bleiben die aus ihnen abgeleiteten Empfehlungen für Praxisakteur*innen noch zu abstrakt, um daraus jeweils konkrete Interventionsmaßnahmen ableiten zu können. Hierfür müssen die Interventionen jeweils prozesshaft an das jeweilige Zielverhalten, den zeitlichen und räumlichen Kontext und die anvisierten Zielgruppen angepasst werden, was am besten durch die partizipative Einbindung möglichst vieler relevanter Akteursgruppen gelingt (Hunecke, 2022, S. 47 ff.).

3.3 Subjektives Wohlbefinden und Lebenszufriedenheit

Dem psychologischen Wohlbefinden von Menschen wird im Diskurs um eine sozial-ökologische Transformation häufig die Funktion einer zentralen Zielgröße allen gesellschaftlichen, politischen und ökonomischen Handelns zugeschrieben, z. B. in einer „Great Transition" (Raskin et al., 2002), einer „Welt im Wandel" (WBGU, 2011), oder einem „Wohlstand ohne Wachstum" (Jackson, 2017). In allen diesen Entwürfen findet sich eine Vielzahl von mehr oder weniger expliziten Annahmen über psychologische Prozesse und Wirkmechanismen, die das Wohlbefinden von Menschen beeinflussen, z. B. Annahmen über Motive, Selbstbilder und -identitäten, Normen und kollektive Überzeugungen. Insgesamt existieren zwar einige empirische Befunde über positive Zusammenhänge zwischen subjektivem Wohlbefinden und nachhaltigem Verhalten (Kasser, 2017). Insgesamt existiert jedoch kein eindeutig konsistenter Zusammenhang, weil sich das individuelle Wohlbefinden auch durch konsumorientierte und ressourcenaufwendige Verhaltensweisen positiv beeinflussen lässt, wie durch die Nutzung von Unterhaltungselektronik oder durch Urlaubsreisen. Entscheidend für die Art des Zusammenhangs ist letztlich, welche innerpsychischen Bewertungsprozesse mit dem jeweiligen Umweltverhalten einhergehen, z. B. hinsichtlich der eigenen

Werte, des Selbstkonzepts und eigener Selbstwirksamkeitsüberzeugungen (Venhoeven et al., 2017). So führt umweltschonendes Handeln vor allem dann zu positiven Emotionen, wenn es in Übereinstimmung mit den eigenen Werten und Überzeugungen praktiziert wird, die jedoch dafür schon inhaltlich in Richtung Nachhaltigkeit ausgeprägt sein müssen (Venhoeven et al., 2020). Wer hingegen seine Alltagsgestaltung nach primär materialistischen Werten ausrichtet, dem ist dieser Weg einer Steigerung des subjektiven Wohlbefindens durch wertkongruentes Handeln erst einmal verschlossen. Aus diesem Grund müssen Menschen dabei unterstützt werden, sich eigene Denk- und Handlungsräume zu erschließen, in denen nachhaltiges Verhalten mit einer Steigerung bzw. Sicherung des subjektiven Wohlbefindens zusammenfällt.

Innerhalb der Psychologie und der empirischen Sozialforschung beschäftigt sich mittlerweile eine ganze Forschungsrichtung mit den Erscheinungsformen, Einflussfaktoren und der Messung des subjektiven Wohlbefindens (Diener et al., 2018a).

▶Happiness wird im englischsprachigen Raum häufig als Überbegriff zur Analyse der subjektiven Bewertungen positiver Lebensqualitäten verwendet. Zur Beschreibung der subjektiv wahrgenommenen Lebensqualität hat sich in der Wissenschaft der Sammelbegriff des subjektiven Wohlbefindens (SWB) etabliert.

In Bezug auf das SWB werden zwei Dimensionen unterschieden: erstens eine stärker kognitive und retrospektiv ausgerichtete Dimension, in der die Lebenszufriedenheit verallgemeinernd für das eigene Leben bewertet wird; zweitens die Dimension emotional geprägter Bewertungen, die stärker situativ geprägt und entweder positiv oder negativ gefärbt sind. Das SWB ist dabei hoch ausgeprägt, wenn in einer Affektbalance die positiven gegenüber den negativen Emotionen überwiegen. Die Bewertungen der Lebenszufriedenheit und die emotionalen Bewertungen weisen meist in die gleiche Richtung, stellen aber trotzdem unabhängige Dimensionen des SWB dar, die getrennt gemessen und analysiert werden sollten (Diener et al., 2018b).
Bereits in der griechischen Philosophie der Antike werden mit dem Hedonismus und dem Eudämonismus zwei Strategien der glücklichen Lebensführung postuliert. Im Hedonismus wird die Lust als höchster erstrebenswerter Zustand für ein glückliches Leben angesehen. Der Eudämonie entsprechend wird ein glückliches Leben als ein gelungenes Leben aufgefasst, in dem der Mensch nach Zielen strebt, die außerhalb seiner selbst liegen und die es auch unter großen Mühen zu

erreichen gilt, z. B. eine gute Bürgerin oder ein guter Bürger zu sein. Ein wichtiger Verdienst der psychologischen Forschung besteht in dem Nachweis, dass sich die beiden Glücksstrategien des Hedonismus und Eudämonismus trotz ihres unversöhnlichen Verhältnisses als philosophische Positionen in der Alltagspraxis keineswegs ausschließen. Stattdessen tragen beide auf unterschiedliche Art und Weise zur Steigerung des subjektiven Wohlbefindens bei:

„Adding hedonia to a life already high in eudaimonia was linked with greater positive affect and carefreeness; adding eudaimonia to a life already high in hedonia was linked with greater meaning, elevating experience, and vitality" (Huta & Ryan, 2010, S. 759).

Die positive Wirkung beider Strategien auf das subjektive Wohlbefinden ist vor allem durch ihren unterschiedlichen zeitlichen Bezug zu erklären. Während die hedonistische Strategie auf das Erleben im Augenblick ausgerichtet ist, erfordert die eudämonistische Strategie längere Zeiträume, um ihr positives Potenzial für das subjektive Wohlbefinden und vor allem für die Dimension der Lebenszufriedenheit zu entfalten (Waterman, 1993).

Sowohl der Hedonismus als auch der Eudämonismus sind mit positiven Emotionen verbunden, die das psychologische Wohlbefinden steigern. Hierbei zielt die hedonistische Strategie auf unmittelbar erfahrbare Sinnesgenüsse ab. Die eudämonistische Strategie geht mit Aspekten wie Zugehörigkeit, Sicherheit und Vertrauen einher, die jeweils über längere Zeiträume entstehen und aufrechterhalten werden müssen. Eine Veränderung des Lebensstils in Richtung Nachhaltigkeit sollte mit möglichst vielen dieser positiven Emotionen einhergehen, um Menschen ausreichend und dauerhaft zu motivieren, sich auf die dafür erforderlichen individuellen Veränderungsprozesse einzulassen. Positive Emotionen resultieren jedoch nicht nur aus einer gelungenen hedonistischen und eudämonistischen Lebensführung. Eine weitere Strategie der glücklichen Lebensführung resultiert aus einer den eigenen Bedürfnissen angepassten Regulation der eigenen Handlungsziele. Die hiermit verbundenen positiven Emotionen, wie Zufriedenheit und Stolz, sind nicht auf das Erreichen spezifischer inhaltlicher Ziele ausgerichtet, sondern auf das Erreichen von Zielen an sich.

Fazit

Die drei Strategien der glücklichen Lebensführung übernehmen eine wichtige Brückenfunktion bei der Bestimmung von psychischen Ressourcen, die in erster Linie das psychologische Wohlbefinden fördern, aber auch psychologische Prozesse in Gang setzen können, Lebensstile nachhaltiger zu gestalten.

3.4   Psychische Ressourcen für nachhaltige Lebensstile

Das Konzept der psychischen Ressourcen wurde im Kontext der psychologischen Stressforschung und dabei vor allem im Zusammenhang mit der Bewältigung von Stress geprägt. Während einige Menschen aufgrund psychosozialer Belastungen im Privat- oder Arbeitsleben oder aufgrund traumatischer Erfahrungen psychisch erkranken, können andere Menschen diese Belastungen ohne schwerwiegende psychische Folgen bewältigen. Ressourcen helfen dabei, Stressbelastungen zu reduzieren und das individuelle Wohlbefinden zu erhöhen. Grundsätzlich lassen sich Ressourcen als mehrstellige Prädikate charakterisieren:

▶ „Ein Merkmal (M) ist eine Ressource für eine Person (P) im Hinblick auf ein Kriterium (K). Erst unter bestimmten Voraussetzungen werden Merkmale zu Ressourcen, was zugleich bedeutet, dass sie diese Funktion unter bestimmten Voraussetzungen auch verlieren können" (Brandstädter, 2011, S. 57).

Das Konzept der psychischen Ressourcen wurde in der Stressforschung erstmals systematisch in der transaktionalen Stresstheorie von Lazarus und Folkman (1984) im Zusammenhang mit der Bewältigung (Coping) von Stress aufgegriffen. In der Conservation of Ressources Theory (COR) von Hobfoll (1989) rücken die Ressourcen dann in das Zentrum der Erklärung zur Entstehung und Bewältigung von Stress. Demnach ist Stress „a reaction to the environment in which there is (a) the threat of a net loss of resources, (b) the net loss of resources, or (c) a lack of resource gain following the investment of resources. Both perceived and actual loss or lack of gain are envisaged as sufficient for producing stress. Resources, then, are the single unit necessary for understanding stress" (Hobfoll, 1989, S. 516). Als Ressourcen werden in der COR Objekte, Personenmerkmale, Umstände und Energie bezeichnet, die ihrerseits weitere Ressourcen für die eigene Person aufbauen. Damit kann es einerseits zu einer Akkumulation von Ressourcen kommen, durch die im Sinne einer Aufwärtsspirale die Widerstandskraft gegenüber Stress stetig erhöht wird. Andererseits kann der Verlust von Ressourcen auch eine Abwärtsspirale in Gang setzen, in deren Verlauf immer weitere Ressourcen verlorengehen und die Vulnerabilität der betroffenen Personen für psychische Belastungen ansteigt.

Neben einer Steigerung bzw. Sicherung des psychologischen Wohlbefindens sollten die psychischen Ressourcen für nachhaltige Lebensstile auch nachhaltiges Verhalten fördern (Tab. 3.2).

▶ Sechs psychische Ressourcen erfüllen diese Funktion: Achtsamkeit, Genussfähigkeit, Selbstakzeptanz, Selbstwirksamkeit, Sinnkonstruktion und Solidarität.

Die Auswahl dieser sechs psychischen Ressourcen orientiert sich an zwei weiteren Voraussetzungen: Erstens sollten die psychischen Ressourcen durch den Einsatz empirisch bewährter Verfahren und Methoden systematisch veränderbar sein. Zweitens sollte deren Einsatz in ausreichend großen gesellschaftlichen Handlungsfeldern möglich sein, um die für einen kulturellen Wandel notwendige Verbreitung zu erreichen.

Tab. 3.2 Die theoretischen Bezüge der psychischen Ressourcen zur Förderung nachhaltiger Lebensstile zur Positiven Psychologie und zur Umweltpsychologie (Hunecke, 2022, S. 87)

Strategien der glücklichen Lebensführung	Positive Emotionen	Psychische Ressourcen	Psychologische Funktion für Nachhaltigkeit
Hedonismus (Lust)	Sinnliche Genüsse	Genussfähigkeit	Orientierung an Erlebnisqualitäten anstatt Erlebnisquantitäten
Zielregulation	Zufriedenheit	Selbstakzeptanz	Schutz vor kompensatorischem Konsum
	Stolz	Selbstwirksamkeit	Glaube an individuelle Veränderungsmöglichkeiten
	Gelassenheit	Achtsamkeit	Deautomatisierung von nicht nachhaltigem Verhalten
Eudämonismus (Sinn)	Sicherheit	Sinnkonstruktion	Orientierung an sozialen und transzendenten Werten
	Zugehörigkeit	Solidarität	Glaube an die Umsetzbarkeit sozialer Verantwortung im kollektiven Handeln
	Vertrauen		

Das Konzept der Achtsamkeit hat in den letzten beiden Dekaden – vor allem im Kontext der Klinischen Psychologie – eine schnelle Verbreitung gefunden (Michalak & Heidenreich, 2018). In Übereinstimmung mit dem säkularisierten Verständnis der Klinischen Psychologie wird Achtsamkeit im vorliegenden Ansatz definiert als "awareness that emerges through paying attention on purpose, in the present moment, and nonjudgmentally to the unfolding of experience moment by moment" (Kabat-Zinn, 2003, S. 145). Insgesamt lassen sich sechs Funktionen der Achtsamkeit für nachhaltiges Verhalten anführen, wobei die Deautomatisierung als Metamechanismus anzusehen ist: 1) Öffnung für Sinnkonstruktionsprozesse (Hunecke & Richter, 2019), 2) Verringerung materialistischer Werte (Brown & Kasser, 2005), 3) Erhöhung der Naturverbundenheit (Barbaro & Pickett, 2016), 4) Erhöhung von Mitgefühl und prosozialem Verhalten (Fischer et al., 2017), 5) Sensibilisierung für die eigenen Körperwahrnehmungen (Hunecke, 2013) und 6) Erhöhung der Selbstakzeptanz (Hunecke, 2013).

Die Fähigkeit zu genießen beinhaltet, positive Erfahrungen durch Gedanken und Handlungen so für sich zu nutzen, dass deren Intensität, Dauer und Wert erhöht wird. Eng verbunden mit der Genussfähigkeit ist das Konzept des Savoring (Bryant & Veroff, 2007), durch das im Gegensatz zum Coping nicht negative Emotionen bewältigt, sondern positive Emotionen verstärkt werden. Der Bezug zum nachhaltigen Verhalten ergibt sich aus der Annahme, dass sich die Intensität von Genusserfahrungen durch eine ausgeprägte Genussfähigkeit erhöhen lässt. Infolgedessen kann trotz einer Verringerung der Häufigkeit von Genusserfahrungen die hedonistische Erlebnisqualität insgesamt beibehalten oder sogar gesteigert werden (Hunecke, 2013). Ein gutes Beispiel hierfür liefert die Slow-Food-Bewegung, die mittlerweile eng mit dem Anspruch auf nachhaltig produzierte Lebensmittel verbunden ist (Slow Food, 2013).

Die Selbstakzeptanz ist ein wichtiger Teilaspekt des Selbstwertes einer Person und beinhaltet die Annahme der in Bezug auf die eigene Person wahrgenommenen positiven wie negativen Eigenschaften (Potreck-Rose & Jacob, 2010). Das Streben nach einer hohen Selbstakzeptanz wird als ein intrinsisches Ziel beschrieben, dessen erfolgreiche Realisation zur Selbstaktualisierung der eigenen Person beiträgt und mit einer Erhöhung des subjektiven Wohlbefindens verbunden ist (Kasser & Ryan, 1996). Im Nachhaltigkeitskontext wird der Selbstakzeptanz vor allem eine Schutzfunktion gegenüber kompensatorischen und expressiven Formen des Konsums zugeschrieben, die aus einem materialistischen Streben resultieren (Sivanathan & Pettit, 2010). Materialistisches Streben erfordert soziale Referenzwerte, die in der Regel aus Vergleichsprozessen mit anderen Personen gebildet werden. Eine hohe Anzahl sozialer Vergleiche erhöht die Wahrscheinlichkeit von

Aufwärtsvergleichen mit besser gestellten Personen, was mit negativen Emotionen verbunden ist (White et al., 2006). Eine hohe Selbstakzeptanz unterstützt eine größere Unabhängigkeit der bzw. des Einzelnen gegenüber sozialen Vergleichsprozessen, die über materiellen Konsum und Besitz den eigenen Selbstwert stabilisieren.

Selbstwirksamkeit charakterisiert die subjektive Gewissheit, Anforderungssituationen aufgrund eigener Kompetenzen bewältigen zu können (Bandura, 1977). Bei der Erfassung der Selbstwirksamkeit wird unterschieden zwischen einer allgemeinen Form (Schwarzer & Jerusalem, 1999) und vielen bereichsspezifischen Formen, z. B. in Bezug auf das Gesundheitsverhalten (Sheeran et al., 2016) oder das Umweltverhalten (Schutte & Bhullar, 2017). Die Selbstwirksamkeit wird im Ansatz der psychischen Ressourcen für nachhaltige Lebensstile jedoch ausschließlich in ihrer allgemeinen Form berücksichtigt. In dieser Form wird sie als eine von vier zentralen Säulen des allgemeinen Selbstvertrauens bezeichnet (Potreck-Rose & Jacob, 2010) und beinhaltet die auf die eigene Person bezogene Überzeugung, einen Einfluss auf die umgebende physische und soziale Umwelt nehmen zu können. Im Kontext globaler Umweltveränderungen kann sie der weit verbreiteten Überzeugung entgegenwirken, als Einzelner oder Einzelne nichts gegen den Klimawandel unternehmen zu können.

Sinn lässt sich aus psychologischer Perspektive als „Bedeutung oder Bewertung, die wir bei einer Tätigkeit, einem Geschehen oder einem Ereignis wahrnehmen oder erleben, die wir herstellen oder dem Geschehen/der Tätigkeit geben. Meist ist die Bedeutung/Bewertung förderlich, positiv, bejahend akzeptierend für den jeweiligen Menschen, verbunden mit einem charakteristischen, meist positiven Gefühl" (Tausch, 2008, S. 100) definieren. Die Konstruktion von Sinn – und damit ist keineswegs nur der allgemeine Lebenssinn gemeint – muss daher immer individuell erfolgen, ist als Prozess nie vollständig abgeschlossen und muss ein ausreichendes Maß an Ergebnisoffenheit aufweisen. Die Grundannahme zur Funktion der psychischen Ressource der Sinnkonstruktion im Kontext der Nachhaltigkeit besteht darin, dass durch diese Reflexionsprozesse in Gang gesetzt werden, die zur individuellen Ziel- und Werteklärung beitragen. In diesem Zusammenhang erhöht sich die Wahrscheinlichkeit, prosoziale oder transzendente Werte als Orientierung für das eigene Handeln zu entdecken, so z. B. die Entdeckung einer intergenerativen oder intragenerationellen Gerechtigkeit.

Solidarität als psychische Ressource wird in dem hier vertretenen Verständnis durch zwei Teilaspekte des kollektiven Handelns gekennzeichnet: Erstens durch den Glauben daran, dass soziale Gerechtigkeit ein erstrebenswertes Ziel ist (Bierhoff & Fetchenhauer, 2001) und zweitens durch die Überzeugung, dass sich die angestrebten kollektiven Ziele als Einzelner bzw. Einzelne im gemeinsamen Handeln mit anderen tatsächlich erreichen lassen. Als psychische Ressource für einen nachhaltigen Lebensstil erfüllt die Solidarität eine zweifache Funktion: Zum einen fördert sie positive Emotionen und zum anderen richtet sie das eigene Handeln an der Idee einer sozialen Gerechtigkeit aus, die gegenwärtig und zukünftig lebende Generationen miteinschließt. In diesem Verständnis kann die psychische Ressource der Solidarität auch als eine der wesentlichen Voraussetzungen für das Ausbilden einer sozialen Identität als Weltbürgerin bzw. Weltbürger angesehen werden (McFarland et al., 2019).

Jede der sechs psychischen Ressourcen kann somit einen Beitrag dazu leisten, Personen zu motivieren, ihren Lebensalltag nachhaltiger zu gestalten. Hierbei wird es jedoch nicht ausreichen, einen Lebensstilwandel durch die Förderung einzelner psychischer Ressourcen anzustreben. Für Lebensstilveränderungen wird es erforderlich sein, möglichst viele der sechs Ressourcen gleichzeitig zu aktivieren, damit es zu einer Verstärkung der positiven Wirkungen für einen nachhaltigen Lebensstil kommt. Letztlich wirken die sechs psychischen Ressourcen dabei wie einzelne Elemente in einem dynamischen Netzwerk zusammen (vgl. Abb. 3.3). Die Stärke der Motivation für einen nachhaltigen Lebensstil resultiert dann aus der Summe der Aktivierungen der einzelnen psychischen Ressourcen. Bei der einseitigen Aktivierung einzelner psychischer Ressourcen besteht sogar die Gefahr gegenteiliger Effekte. So kann beispielsweise die isolierte Förderung der Genussfähigkeit eine materialistische Haltung fördern und durch die übermäßige Sinnkonstruktion besteht die Gefahr von Sinnkrisen, die negativ mit dem subjektiven Wohlbefinden zusammenhängen (Schnell, 2009). Ebenso konnte in Laborstudien nachgewiesen werden, dass eine experimentell induzierte Achtsamkeit die Ausprägung moralischer Emotionen wie die eines schlechten Gewissens verringert (Schindler et al., 2019).

Fazit

Diese Beispiele machen deutlich, dass es bei der Förderung nachhaltiger Lebensstile darum gehen sollte, möglichst viele der sechs Ressourcen zu aktivieren, und zwar nicht nur zur Verstärkung der Einzeleffekte, sondern auch zur Ausbalancierung von möglichen negativen Effekten einzelner Ressourcen.

Die sechs psychischen Ressourcen fördern in ihrer Netzwerkdynamik nachhaltige Lebensstile auf zweifache Weise (vgl. Abb. 3.4). Erstens können die psychischen Ressourcen die Motivation für nachhaltiges Verhalten über eine Werte- und Zielklärung erhöhen (vgl. die Wirkrichtung I. in Abb. 3.4). Das

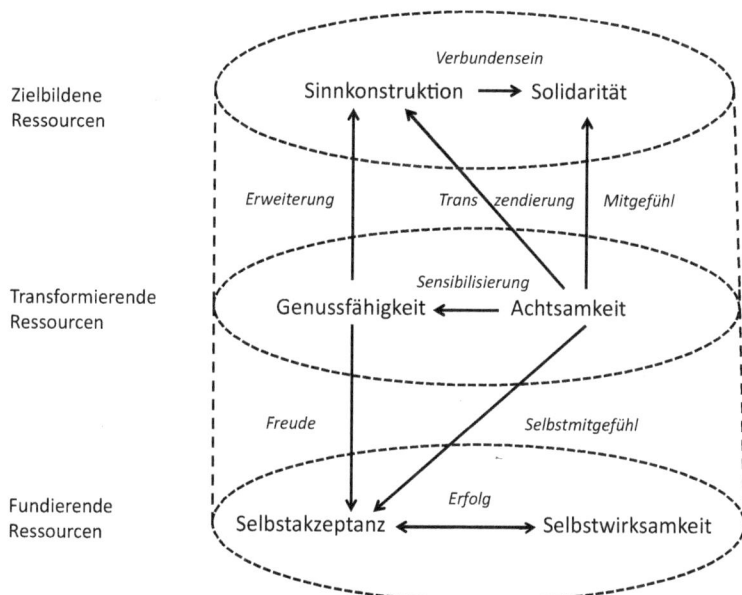

Abb. 3.3 Wechselseitige Zusammenhänge zwischen den sechs psychischen Ressourcen zur Förderung nachhaltiger Lebensstile (Hunecke, 2022, S. 134). (Oekom Verlag)

Zusammenwirken der sechs Ressourcen kann dabei die Form einer Aufwärtsspirale (AS1 in Abb. 3.4) annehmen, wenn sich die Ressourcen wechselseitig verstärken.

> Aus der Conservation of Resources Theory ist bekannt, dass Ressourcen selten isoliert wirken, sondern „Karawanen" ausbilden, die sich wechselseitig verstärken (Hobfoll, 2002, S. 312).

Die aus der Netzwerkdynamik der psychischen Ressourcen resultierende Aufwärtsspirale AS1 beeinflusst über die Werte- und Zielklärung jedoch nicht nur die Motivation für nachhaltiges Verhalten. Eine zweite Wirkrichtung der psychischen Ressourcen besteht in der Steigerung des individuellen Wohlbefindens (vgl. die Wirkrichtung II. in Abb. 3.4). Wenn es gelingt, das Wohlbefinden durch die psychischen Ressourcen zu steigern, kann hierdurch eine zweite Aufwärtsspirale in Gang gesetzt werden, die aus der gegenseitigen Verstärkung

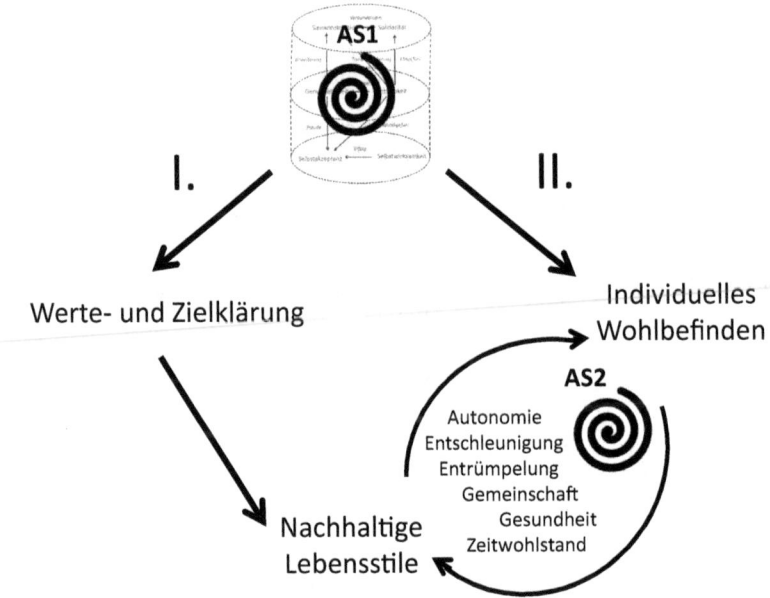

Abb. 3.4 Zwei Wirkrichtungen psychischer Ressourcen auf nachhaltige Lebensstile und die dafür erforderlichen Aufwärtsspiralen (Hunecke, 2022, S. 139). (Oekom Verlag)

des individuellen Wohlbefindens und des nachhaltigen Verhaltens resultiert (vgl. AS2 in Abb. 3.4). Die positiven Erfahrungen nachhaltigen Verhaltens können beispielsweise aus einem Zugewinn an Autonomie, einer Entschleunigung und Entrümpelung des Alltags, einem Zugewinn an Gemeinschaft, einer Verbesserung der eigenen Gesundheit und einem erhöhten Zeitwohlstand resultieren.

Diese Aufwärtsspirale AS2 ist bei den meisten Menschen aktuell nicht aktiv. So existieren zwar einige empirische Hinweise für die wechselseitige Verstärkung zwischen individuellem Wohlbefinden und nachhaltigem Verhalten, jedoch sind diese Zusammenhänge auf die Gesamtbevölkerung bezogen nur schwach ausgeprägt. Stattdessen wird nachhaltiges Verhalten dort eher als eine Bedrohung des eigenen Wohlbefindens wahrgenommen. Nur kleine Personengruppen können schon jetzt für sich einsehen, dass ein nachhaltiger Lebensstil mit einer Steigerung der Lebenszufriedenheit einhergehen kann, z. B. die Vertreter*innen eines Lifestyle of Voluntary Simplicity. Hieraus folgt, dass ein Großteil der Bevölkerung noch für sich erkennen muss, in welchen Lebensbereichen nachhaltiges

Verhalten das Wohlbefinden steigern kann bzw. es wenigstens nicht verringert. Dieser Erkenntnisprozess erfordert Prozesse der Selbstreflexion und Selbsterfahrung und läuft nicht spontan ab, sondern muss initiiert und immer wieder durch neue Impulse unterstützt werden.

Entsprechend der Darstellung in Abb. 3.5 ist von psychischen Ressourcen kein direkter Einfluss auf nachhaltiges Verhalten zu erwarten. Stattdessen wirken psychischen Ressourcen indirekt über Prozesse der Werte- und Zielklärung und der daran beteiligten handlungstheoretischen Konstrukte auf nachhaltiges Verhalten ein. Psychischen Ressourcen kommt damit eine vergleichbare Funktion wie den Kompetenzen zu, die im Rahmen der Bildung für eine nachhaltige Entwicklung (BNE) vermittelt werden (Lozano et al., 2017). Diese beeinflussen nachhaltiges Verhalten ebenfalls nur indirekt über Normen, Einstellungen und vor allem Kontrollüberzeugungen.

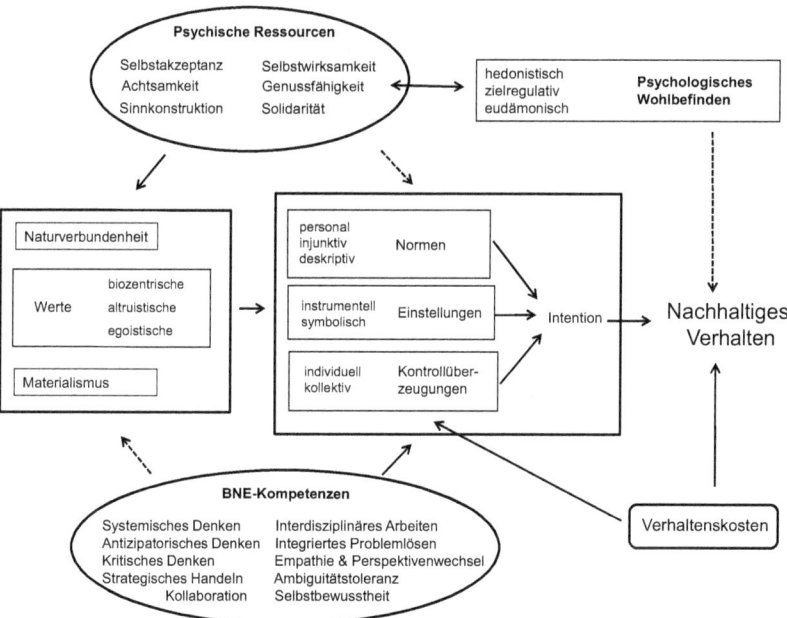

Abb. 3.5 Zusammenhänge der wichtigsten innerpsychischen Einflussfaktoren nachhaltigen Verhaltens (→ starker Zusammenhang, - - > schwacher Zusammenhang). (Eigene Darstellung)

3.5   Settings zur Förderung psychischer Ressourcen

Die sechs psychischen Ressourcen zur Förderung nachhaltiger Lebensstile lassen sich in Settings fördern, die einen gesonderten Raum für das Wechselspiel aus eigenen Erfahrungen und deren Reflexion bieten. Diese Settings können sich dabei auf einzelne Individuen bzw. Gruppenkontexte, auf Organisationen oder das Gemeinwesen beziehen. Die soziale Verbreitung der psychischen Ressourcen ist dabei von der Anzahl der beteiligten Personen abhängig, die für die in den Settings durchgeführten Aktivitäten gewonnen werden können. Dabei müssen die Aktivitäten in den Settings wenigstens teilweise von persönlichen Interaktions- und Kommunikationsprozessen begleitet werden, um bei den beteiligten Personen eine ausreichende Auseinandersetzung mit den Inhalten der jeweiligen Aktivität zu erreichen. Im Gemeinwesen ist dies meist auf die Ebene der Wohnquartiere begrenzt, weil sich dort noch Face-to-Face-Kommunikationen realisieren lassen.

Tab. 3.3 gibt einen Überblick über die Ziele und Aktivitäten in unterschiedlichen Settings und benennt jeweils zwei bis drei psychische Ressourcen, die am stärksten in den betreffenden Settings aktiviert werden können. So lassen sich zwar – mit Ausnahme der Wohnquartiere – in allen der angeführten Settings annähernd alle sechs psychischen Ressourcen fördern, jedoch nicht immer im gleichen Umfang und mit der gleichen Intensität. Für jedes der fünf Settings lassen sich Ziele und Subziele anführen (vgl. die erste Spalte von Tab. 3.3), die für eine Förderung nachhaltiger Lebensstile genutzt werden können. Dabei werden die psychischen Ressourcen in den jeweiligen Settings meistens ohne direkten Bezug zur Nachhaltigkeit gefördert. Hieraus ergibt sich die Chance, bereits vorhandene Verfahren und Routinen zum Aufbau psychischer Ressourcen zur Erreichung nachhaltigkeitsbezogener Ziele zu nutzen. Dies ist immer dann möglich, wenn Passungen zwischen den spezifischen Zielen im Setting und einer nachhaltigen Entwicklung bestehen und Akteur*innen daher in den Settings bereits ressourcenorientiert agieren.

Tab. 3.3 Settings zur Förderung psychischer Ressourcen für eine nachhaltige Entwicklung (Hunecke, 2022, S. 152)

Settings und Ziele	Aktivitäten	Psychische Ressource
Coaching mit dem Ziel Persönlichkeitsentwicklung	Work-Life-Balance Klärung von persönlichen Zielen Gestaltung biografischer Übergänge	Sinnkonstruktion Selbstakzeptanz Achtsamkeit
Gesundheitsförderung mit den Zielen körperliches und psychisches Wohlbefinden	Prävention Rehabilitation Körper(selbst)erfahrung	Achtsamkeit Genussfähigkeit Sinnkonstruktion
Schulen und Hochschulen mit dem Ziel Bildung für eine nachhaltige Entwicklung	projektorientierte Lehrformen Förderung von Mitbestimmung Selbstbezüge von Wissen herstellen	Selbstwirksamkeit Solidarität Sinnkonstruktion
Unternehmen und Non-Profit-Organisationen mit dem Ziel Corporate-Social-Responsibility	Unternehmenskultur Organisationsentwicklung Personalentwicklung und Führung	Selbstwirksamkeit Solidarität Sinnkonstruktion
Wohnquartiere mit dem Ziel Steigerung der Lebensqualität	kommunale Initiativen (Sport, Gärtnern, Kochen, Reparieren und IKT) gemeinschaftliche Formen religiöser Praxis Forschung in Reallaboren	Selbstwirksamkeit Solidarität

Die bisherigen Ausführungen haben den Menschen aus der Perspektive des Verursachers globaler Umweltveränderungen betrachtet, in der die Wirkungen des menschlichen Verhaltens auf die Umwelt im Mittelpunkt stehen. Der Mensch ist jedoch im Hinblick auf die verursachten Umweltprobleme nicht nur Täter, sondern auch Opfer. Die Wirkungen von Umweltbelastungen und Umweltproblemen auf das menschliche Erleben und Verhalten, z. B. von Hitze und Kälte, Schadstoffen und Lärm, sind daher in der Umweltpsychologie umfangreich erforscht worden. Die Wahrnehmung und Bewertung von globalen Umweltveränderungen weist im Vergleich zu direkt wahrnehmbaren und eindeutig lokalisierbaren Umweltbelastungen neuartige psychische Herausforderungen auf. So ist das Ausmaß globaler Umweltveränderungen, z. B. eine Erhöhung der CO_2-Konzentration in der Atmosphäre oder die Verringerung der Artenvielfalt, nicht direkt wahrnehmbar, hat aber teilweise unmittelbare Auswirkungen auf den Menschen, z. B. durch eine erhöhte UV-Strahlung oder Überflutungen aufgrund von Starkregen. Die Wahrnehmung und Bewertung globaler Umweltveränderungen resultiert dabei stärker aus der Bewertung von abstrakten Risiken als der konkreten Erfahrung von Umweltereignissen. Gleichwohl werden die Folgen globaler Umweltveränderungen, allen voran der Klimawandel, in Gestalt von länger andauernden Hitzeperioden und Extremwetterereignissen stärker wahrgenommen (Bergquist et al., 2019).

4.1 Körperliche Auswirkungen

Der Klimawandel kann die körperliche Gesundheit sowohl über spezifische Umweltereignisse als auch über kontinuierliche Veränderungen der Umweltbedingungen gefährden. Eine direkte Gefahr für die körperliche Gesundheit resultiert

M. Hunecke, *Psychologie und Klimakrise*, essentials, https://doi.org/10.1007/978-3-662-66260-1_4

dabei aus katastrophenartigen Naturereignissen wie beispielsweise Überflutungen, die durch starke Regenfälle hervorgerufen werden. Für den Menschen bestehen die Folgen aus Extremwetterereignissen in Unfällen, die nicht selten lebensbedrohliche Formen annehmen. So starben im Sommer 2021 in Deutschland aufgrund der niederschlagsbedingten Flutkatastrophe mehr als 100 Menschen. Neben starken Regenfällen führen vor allem Stürme zu Unfällen, in denen Menschen durch umherwirbelnde Gegenstände verletzt und nicht selten auch getötet werden. Weiterhin können Extremwetterereignisse Teile der öffentlichen Infrastruktur in ihrer Funktion beeinträchtigen, wodurch wiederum die allgemeine Gesundheitsversorgung von Menschen wenigstens kurzzeitig gefährdet wird, z. B. durch Stromausfälle im Krankenhaus oder wenn Krankentransporte auf zerstörten Straßen nicht mehr möglich sind. Ebenso können technische Anlagen durch Extremwetterereignisse beschädigt oder zerstört werden, woraus beispielsweise Umweltverschmutzungen durch Chemikalien entstehen können, die die Gesundheit der Bewohner*innen im lokalen Umfeld bedrohen.

Weniger dramatische, aber durchaus weitreichende Konsequenzen für die körperliche Gesundheit ergeben sich aus dem kontinuierlich fortschreitenden Temperaturanstieg, der vor allem in den letzten 20 Jahren im globalen Durchschnitt zu beobachten ist. Während ein globaler Temperaturanstieg von 1 bis 2 Grad Celsius für den einzelnen Menschen kaum wahrnehmbar ist, verursacht dieser auf regionaler Ebene zeitweise starke Temperaturschwankungen, die zu mehr Phasen mit sehr hohen Temperaturen, aber auch mit extremer Kälte führen können. Der Anstieg der Temperaturen belastet die körperliche Gesundheit vor allem durch eine höhere Beanspruchung des Herz-Kreislauf-Systems. Für Personen, die beispielsweise an einem hohen Blutdruck leiden, steigt die Wahrscheinlichkeit von Folgeerkrankungen, die zu einem früheren Tod führen können.

Erhöhte Temperaturen wirken sich auch auf indirekte Weise auf die körperliche Gesundheit aus, beispielsweise führen diese zu einer höheren Konzentration von bodennahem Ozon wie auch zu mehr Blütenpollen in der Luft. Beides kann zu ernsthaften gesundheitlichen Einschränkungen bei Personen mit Allergien oder Asthma führen. Weiterhin verändert sich die Pflanzen- und Tierwelt unter dem Einfluss höherer Temperaturen, was sich auch negativ auf die menschliche Gesundheit auswirken kann. Beispielsweise können sich giftige Pflanzenarten sowohl auf dem Land als auch im Wasser (z. B. Algenarten) stärker ausbreiten. Ebenso können sich die Lebensräume von Insekten wie Zecken oder Mücken ausdehnen, die Krankheiten wie Borreliose und Malaria auf den Menschen übertragen.

▶ Klimaszenarien zur weltweiten Temperaturentwicklung gehen davon aus, dass im Jahr 2100 48 bis 78 % der Weltbevölkerung mehr als 20 Tage einer lebensbedrohlichen Hitze ausgesetzt sein werden, während dies momentan nur 30 % der Weltbevölkerung betrifft (Mora et al., 2017).

4.2 Psychologische Auswirkungen

Der Klimawandel ist nicht nur ein ökologisches Problem, das den Menschen als biologisches Lebewesen miteinschließt, sondern auch ein psychologisches Problem (Clayton, 2020, S. 20). Die Wahrnehmung globaler Umweltveränderungen geht mit dem Erleben negativ gefärbter Emotionen (z. B. Angst und Hilflosigkeit) einher, die das subjektive Wohlbefinden verringern und die psychische Gesundheit gefährden können. Über positive emotionale Wirkungen des Klimawandels ist wenig bekannt. So können die Klimaveränderungen im besten Fall von den Bewohner*innen gemäßigter Klimazonen als angenehm wahrgenommen werden, z. B. wegen höherer Erträge in der Landwirtschaft oder milderer Winter. Zweifelsohne überwiegen jedoch die negativen Effekte der durch den Klimawandel bedingten Umweltveränderungen, weshalb sie mehr negative als positive Emotionen nach sich ziehen. Die negativen Emotionen können zum einen durch klimabedingte Umweltkatastrophen wie Überflutungen, Stürme und Waldbrände verursacht werden, bei denen Menschen verletzt werden oder Verletzungen und Verluste nahestehender Personen erfahren werden müssen. Typische emotionale Reaktionen sind dabei Angst und Furcht, die mit einer starken Hilflosigkeit und einem großen Kontrollverlust einhergehen. Opfer von Umweltkatastrophen können posttraumatische Belastungsstörungen (PTBS) entwickeln, die über längere Zeiträume zu einer erhöhten generellen Ängstlichkeit, zu Depressionen bis hin zu einer erhöhten Suizidalität führen können (Simpson et al., 2011). Umweltkatastrophen sind häufig auch Auslöser von kritischen Lebensereignissen (z. B. Verlust der eigenen Wohnung oder des Arbeitsplatzes), die neben direkten körperlichen Schäden einen weiteren Risikofaktor für die psychische Gesundheit darstellen. Neben Umweltkatastrophen verursacht der Klimawandel auch individuellen Stress durch weniger dramatische, aber kontinuierliche Umweltveränderungen, die als Umgebungsstressoren (ambient stressors) bezeichnet werden. Hierunter fallen Hitze, Trockenheit, Niederschlag und Verschlechterungen der Luftqualität. Ein umweltbedingter Anstieg der Stressbelastung wirkt sich auch ungünstig auf das Sozialverhalten von Menschen aus, z. B. durch mehr interpersonale Konflikte, sowohl in der Familie als auch zwischen sozialen Gruppen. Empirisch am stärksten belegt ist dabei der Zusammenhang zwischen hohen Temperaturen und aggressivem Verhalten. Wenn die Temperaturen ansteigen, erhöhen sich aggressive Verhaltensweisen wie kriminelle Gewalt oder Konflikte zwischen Gruppen (Hsiang et al., 2013).

Globale Umweltveränderungen betreffen nicht alle Personen auf der Welt und innerhalb der einzelnen Länder gleich stark. So sind weithin auf der ganzen Welt Frauen, Kinder und Menschen mit niedrigem finanziellem Einkommen sowie indigene Gruppen stärker durch den Klimawandel bedroht, weil ihnen materielle und soziale Ressourcen schwerer zugänglich sind, um die damit verbundenen Belastungen bewältigen zu können. Hieraus wird ersichtlich, dass der Klimawandel unmittelbar mit Fragen der sozialen Gerechtigkeit verbunden ist (Gifford & Gifford, 2016). Daher sollten die negativen psychologischen Wirkungen des Klimawandels nicht nur im Rahmen von Not- und Hilfsmaßnahmen nach dem Eintreten entsprechender Umweltveränderungen abgemildert werden. Vielmehr sollten präventive Maßnahmen durchgeführt werden, durch die die Angehörigen der vulnerablen Gruppen in ihren Bewältigungsmöglichkeiten gegenüber den Folgen des Klimawandels dauerhaft gestärkt werden.

4.3　Klimaangst

Die bisher dargestellten psychologischen Auswirkungen des Klimawandels resultieren aus Umweltereignissen, die von Individuen konkret erfahrbar sind. Ein Spezifikum globaler Umweltveränderungen besteht jedoch darin, dass diese nicht mit den eigenen Sinnesorganen wahrgenommen werden können. Weiterhin zeigen sich die Wirkungen globaler Umweltveränderungen erst mit einer starken zeitlichen Verzögerung und sind räumlich schwer zu lokalisieren. Daher basiert ein Großteil der Aussagen zu den Wirkungen globaler Umweltveränderungen auf Prognosen für die Zukunft, deren Aussagekraft mit einer gewissen Unsicherheit verbunden ist. Um die Bedeutung globaler Umweltveränderungen für die eigene Person und die Menschheit als Ganzes beurteilen zu können, müssen Individuen vor allem medial vermittelte Informationen verarbeiten, die auf wissenschaftlichen, politischen und wirtschaftlichen Diskursen beruhen und über Massenmedien verbreitet werden. Diese medial gestützte Umwelt- und Klimakommunikation zukünftiger Risiken erzeugt bei Menschen vielfältige emotionale Reaktionen. Dabei lassen sich wenigstens sechs Facetten klimabezogener Gefühle differenzieren: 1) Angst und Furcht, 2) Trauer, Leid, Kummer und Verzweiflung,

3) Trauma als komplexe emotionale Reaktion, 4) Machtlosigkeit, Hilflosigkeit und Wut, 5) Schuld, Scham und Unzulänglichkeit sowie 6) Solastalgia, Melancholie und Nostalgie (Peter et al., 2021, S. 166).

Am umfangreichsten wird in der öffentlichen Diskussion um die Klimakrise das Gefühl der Klimaangst thematisiert. Der Begriff „eco-anxiety" wurde zu Beginn der 1990-er Jahre erstmals in einem Artikel der Washington Post verwendet und bezeichnete damit Reaktionen der Öffentlichkeit auf das wachsende Problem der Umweltverschmutzung, die sogar als „nationale Krankheit" aufgefasst wurde (Wardell, 2020, S. 190). Durch die zunehmende Verbreitung des Begriffs im öffentlichen Klimadiskurs begann in den letzten Jahren auch eine verstärkte wissenschaftliche Auseinandersetzung mit dem Konzept der eco-anxiety (Ojala, 2016). In Bevölkerungsumfragen zeigt sich ebenso konsistent, dass durch den Klimawandel bedingte Ängste zunehmen. In Europa geben durchschnittlich ein Drittel der befragten Personen aus Deutschland, Frankreich, Großbritannien und Norwegen an, dass sie sich starke bis extreme Sorgen über den Klimawandel machen (Steentjes et al., 2017). In den USA sah die Hälfte der Bevölkerung den Klimawandel als eine persönliche Stressquelle an und 69 % der US-Amerikaner*innen waren 2018 etwas und 29 % sehr durch den Klimawandel besorgt (Clayton & Karazsia, 2020). Besonders betroffen von klimabezogenen Ängsten sind Jugendliche und junge Erwachsene. 2019 schätzten in Deutschland 75 % dieser Bevölkerungsgruppe die Umweltverschmutzung und 65 % den Klimawandel als Probleme ein, die Angst machen (Albert et al., 2019).

Ein weiterer Impuls zur stärkeren Berücksichtigung klimabezogener Ängste kommt aus den Praxisfeldern der Psychotherapie (Rieken et al., 2021) und der Bildung für eine nachhaltige Entwicklung (Pihkala, 2020). Auch dort ist in den letzten Jahren zu beobachten, dass immer mehr Menschen von Ängsten berichten, die mit der Klimakrise zusammenhängen. Dabei verursachen Klimaängste zum einen klinisch relevante Symptome wie psychosomatische Beschwerden und Depressionen. Zum anderen sind sie der Grund, dass auch weniger schwere Symptome wie gelegentliche Schlaflosigkeit, Traurigkeit und Rastlosigkeit das psychische Wohlbefinden im Alltag verringern (Pihkala, 2019, S. 8).

► Vor dem Hintergrund dieser vielfältigen Symptome wird die Klimaangst zusammenfassend als eine chronische Form der Angst vor dem ökologischen Untergang definiert (Clayton et al., 2017, S. 68).

Hiernach handelt es sich bei der Klimaangst um ein eigenständiges Phänomen, das sich einerseits von situationsspezifischen Sorgen um die Umwelt abgrenzen

lässt und andererseits auch nicht aus der Persönlichkeitseigenschaft einer allgemeinen Ängstlichkeit resultiert. Stattdessen handelt es sich bei der Klimaangst
um eine adaptive Reaktion, die auf eine reale Bedrohung in der Umwelt verweist
und nicht mit einer allgemeinen dysfunktionalen Tendenz von Menschen, sich
übermäßig zu sorgen, korreliert (Verplanken et al., 2020).

4.4   Copingstrategien und individuelle Klimaresilienz

Als theoretischer Hintergrund zur Erklärung eines adaptiven und dysfunktionalen Umgangs mit der Klimaangst können psychologische Stressmodelle
dienen, wie etwa die transaktionale Stresstheorie von Lazarus und Folkman
(1984). Hiernach wird das Stresserleben wesentlich durch kognitiv-emotionale
Bewältigungsstrategien (Coping) beeinflusst. Emotionszentrierte und problemzen-
trierte Copingstrategien können auch in Bezug auf den Stressor der Klimakrise
angewandt werden.

▶   Die Wahrscheinlichkeit einer emotionalen Bewältigung der Kli-
      maangst, die zu einem aktiven Engagement für nachhaltiges Verhal-
      ten und dessen Realisierung im eigenen Lebensalltag führt, erhöht
      sich durch eine Kombination emotionszentrierter und problemzen-
      trierter Copingstrategien.

Ein rein problemfokussiertes Coping, das auf direkte Handlungen zur Lösung
der Klimakrise abzielt, kann dabei leicht zu Überforderungen einzelner Personen führen, weil diese alleine wenig gegen den Klimawandel unternehmen
können. Daher sollten in einem ersten Schritt die durch den Klimawandel indu-
zierten Angstemotionen reguliert werden. Hierzu ist ein adaptiver Zugang zur
eigenen Gefühlswelt notwendig, d. h., eigene Gefühle müssen erkannt, benannt
und verarbeitet werden (Peter et al., 2021, S. 172). Dies ist über ein bedeutungsfokussiertes Coping (Ojala, 2013) möglich, das die bedrohliche Situation
in einen sinnhaften Zusammenhang stellt und damit neu bewertet. Falls diese
Neubewertung von einem Vertrauen in soziale Akteur*innen begleitet wird, die
ähnliche Ziele wie die eigene Person verfolgen, kann die Bedrohung als real
und relevant anerkannt werden, ohne dabei aufgrund zu starker negativer Emotionen verdrängt oder verleugnet werden zu müssen. Eine zentrale Funktion
übernimmt in dem bedeutungsfokussierten Coping die Hoffnung als Mediator
zwischen Angst und nachhaltigem Verhalten (Ojala, 2015). So konnte in Inter-
views mit Umweltaktivist*innen aufgezeigt werden, dass Hoffnung die lähmende

Wirkung der Klimaangst überwinden kann, indem sie zum gemeinschaftlichen Handeln motiviert (Kleres & Wettergren, 2017).

Wenn im ersten Schritt über ein bedeutungsfokussiertes Coping die Bereitschaft für nachhaltiges Verhalten erhöht wurde, können nachfolgend die problemzentrierten Copingstrategien besser ihre Funktion der Stressreduktion erfüllen. Diese erfordert nicht nur Wissen über individuelle und kollektive Handlungsoptionen gegen den Klimawandel, sondern auch die Überzeugung, die anvisierten Nachhaltigkeitsziele mit ebendiesen Handlungsoptionen erreichen zu können. Diese Überzeugung entspricht einer klimabezogenen Form der Selbstwirksamkeit (Clayton, 2020, S. 14), die im Rahmen eines problemzentrierten Copings auch tatsächlich zu nachhaltigem Verhalten führt. In diesem Sinne konnte bereits vor dem theoretischen Hintergrund eines kognitiven Stressmodells nachgewiesen werden, dass kollektive Selbstwirksamkeitserwartungen ein problemzentriertes Coping fördern, das wiederum positiv mit einem umweltschonenden Konsumverhalten zusammenhängt (Homburg & Stolberg, 2006).

Zur Bewältigung der Folgen globaler Umweltveränderungen wird einer individuellen Klimaresilienz eine bedeutende Funktion zugeschrieben.

▶ Im Vergleich zu einzelnen Copingstrategien ermöglicht die Resilienz ein Overperforming, das nicht nur die negativen Auswirkungen einer Krise über längere Zeiträume im Indvduum abpuffert, sondern auch flexible Reaktionsmöglichkeiten auf sich wandelnde Belastungen und Anforderungen bereitstellt (Peter et al., 2021, S. 176).

Der Aufbau einer individuellen Klimaresilienz lässt sich zum einen durch Umweltressourcen wie soziale Netzwerke, gesundheitsfördernde, sichere und sozial gerechte Lebensverhältnisse fördern (Manning & Clayton, 2018). Zum anderen können Individuen auch eigene psychische Ressourcen für eine Klimaresilienz aufbauen. So werden in einer Liste mit zehn individuellen Klimaresilienz-Strategien explizit die vier psychischen Ressourcen Achtsamkeit, Dankbarkeit, (Selbst-)Mitgefühl und Hoffnung benannt, die ein gemeinsames Klimaengagement, eine gesunde Selbstfürsorge und die Akzeptanz eigener Begrenzungen unterstützen (Dohm & Klar, 2020, S. 107). Auch in Bildungsprozessen lassen sich psychische Ressourcen vermitteln, die den individuellen Umgang mit der Klimakrise erleichtern. Sanson und Kolleg*innen (2019) identifizieren die psychischen Ressourcen Selbstwirksamkeit, sinnorientiertes Coping, Optimismus und Mut, die an die gegenwärtig lebende Generation von Kindern und Jugendlichen vermittelt werden sollten, damit diese sich sowohl für den Klimaschutz engagieren als auch die zu erwartenden Folgen des Klimawandels besser bewältigen können.

4.5 Individuelle Klimaresilienz

Für die Entwicklung einer individuellen Klimaresilienz müssen sich Menschen Copingstrategien aneignen und adäquate psychische Ressourcen aufbauen. Dies lässt sich über Reflexions- und Selbsterfahrungsprozesse erreichen, die jeweils an den individuellen Entwicklungsstand der Menschen und deren Lebenskontext angepasst sind. Die dafür benötigten Zeiträume umfassen jedoch mehrere Monate oder gar Jahre, in denen die in diesen Prozessen gewonnenen Einsichten von den Menschen in ihren Alltag überführt werden können. Daher lassen sich Reflexions- und Selbsterfahrungsprozesse zum Aufbau einer individuellen Klimaresilienz nicht im Rahmen einzelner Seminare, Schulungen oder Workshops initiieren. Am ehesten lässt sich eine individuelle Klimaresilienz im Rahmen von Coachingprozessen fördern, die einzeln oder in Gruppen vollzogen werden. Bei der Durchführung derartiger Coachingprozesse bietet sich eine enge Zusammenarbeit mit zivilgesellschaftlichen Gruppen und Organisationen zu den Themen Umwelt- und Naturschutz sowie zu den Themen Klimawandel und nachhaltige Entwicklung an. Aufgrund der erst in den letzten Jahren zu beobachtenden deutlichen Zunahme einer Klimaangst in breiteren und vor allem jüngeren Kreisen der Bevölkerung werden solche Coachings aktuell nur in Einzelfällen durchgeführt. Allerdings nimmt das Angebot psychosozialer Beratungen mit dem Schwerpunkt Klimakrise und Klimaangst seit 2019 stetig zu, z. B. durch die Psychologists for Future, sodass hier in naher Zukunft mit einer Ausweitung und methodischen Fundierung der bereits bestehenden Beratungsansätze zu rechnen ist. Die umfangreichsten Erfahrungen mit der Vermittlung individueller Kompetenzen zum nachhaltigen Verhalten kann die Initiative Bildung für nachhaltige Entwicklung (BNE) vorweisen. Die BNE-Kompetenzen umfassen dabei vor allem Fähigkeiten zur Anwendung nachhaltigkeitsbezogenen Wissens, so z. B. dessen Anwendung auf ein system thinking und ein anticipatory thinking (Lozano et al., 2017). Damit sind die BNE-Kompetenzen von ihrer inhaltlichen Ausrichtung stärker wissenszentriert und fokussieren weniger auf Aspekte der Emotionsregulation und Handlungssteuerung wie die ressourcenorientierten Ansätze aus der psychosozialen Beratung (Hunecke, 2022, S. 174 ff.). Die Auseinandersetzung mit dem aktuellen Wissensstand zum Klimawandel und den damit verbundenen Risiken ist als zentraler Startpunkt für die Entwicklung einer individuellen Klimaresilienz anzusehen.

▶ Daher besteht eine wesentliche Herausforderung in der angemessenen Kommunikation von Klimarisiken, durch die ein konstruktiver

Umgang mit den dabei erzeugten Emotionen ermöglicht wird und
die sich anschließend auch im nachhaltigen Verhalten manifestiert.

4.5.1 Klimakommunikation

Aus anwendungsorientierter Perspektive sind mittlerweile eine Vielzahl von
Empfehlungen für die Kommunikation klimawandelbezogener Informationen aus-
gesprochen worden. Der Vorteil dieser Empfehlungen besteht darin, dass diese
auf einem umfangreichen Erfahrungswissen von Praxisakteur*innen basiert, das
sich bei Maßnahmen und Kampagnen zum Klimaschutz bewährt hat. So wur-
den acht allgemeine Prinzipien der Klimakommunikation formuliert: 1) Analyse
der Zielgruppen, 2) effektive Aufmerksamkeitslenkung, 3) Überführung wissenschaftlicher Fakten in konkrete Erfahrung, 4) Vermeidung von zu starken
Emotionalisierungen, 5) Anwendung geeigneter Methoden zur Darstellung pro-
gnostischer Unsicherheiten, 6) Stärken sozialer Identitäten und Zugehörigkeit,
7) Gruppenprozesse partizipativ gestalten und 8) die Ausführung klimaschonenden Verhaltens erleichtern (CRED, 2009). Clayton, Manning und Hodge (2014)
geben zehn Empfehlungen, wie Klimakommunikation gestaltet sein sollte, um
das Klimaschutzengagement in der Bevölkerung zu erhöhen: 1) Vertrauen der
Menschen stärken, sich auf den Klimawandel vorbereiten und diesen abmildern
zu können, 2) Kommunikation spezifischer und handlungsorientierter Lösungen,
3) Hervorheben des Zusatznutzens von nachhaltigem Verhalten, 4) Annehmen
und Umgang mit vorhandenen Gefühlen, 5) Nutzen von persönlichen Erzählun-
gen, 6) vorsichtiger Umgang mit Visualisierungen, 7) Berücksichtigung lokaler
Kontexte, 8) Betonung des gemeinschaftlichen Handelns, 9) Hilfe bei der Inter-
pretation eigener Erfahrungen mit dem Klimawandel und 10) ganzheitliche und
kontextspezifische Abstimmung aller Maßnahmen. Acht weitere Empfehlungen
richten sich auf die Gestaltung von persönlichen Gesprächen und die dabei einge-
nommenen Haltungen, um andere Personen zu einem klimaschonenden Verhalten
zu motivieren (Webster & Marshall, 2019).
     Alle ausgesprochenen Empfehlungen beinhalten bewährte und nachvollzieh-
bare Strategien zur Klimakommunikation. Entscheidend für diese Handlungsemp-
fehlungen ist jedoch, dass sie auf sozial kontextualisierte Weise angewendet, also
prozesshaft auf den lokalen räumlichen und institutionellen Kontext angepasst
werden und dass sie dabei die adressierten Zielgruppen so weit wie möglich partizipativ mit einbinden (Hunecke, 2022, S. 47 ff.). Einem derartigen Vorgehen
entsprechen fünf Prinzipien, deren Umsetzung eine bessere Kommunikation des

Klimaschutzes aus der Wissenschaft in die soziale Praxis sicherstellen soll (Corner & Clarke, 2017). Das vierte Prinzip Übergang vom Anstoßen (nudge) zum Aufbau eines bürgerschaftlichen Engagements für das Klima (Climate Citizenship) verweist dabei auf eine besonders wichtige Anforderung an eine nachhaltige Klimakommunikation. Hiernach sollte es nicht nur darum gehen, einzelne Verhaltensweisen klimafreundlich zu gestalten, wie das Stromsparen im Haushalt oder das häufigere Nutzen von Bus und Bahn.

▶ Die soziale Idee eines klimaneutralen Lebensstils lässt sich nicht durch Informationskampagnen oder Nudgingmaßnahmen vermitteln. Hier sind Prozesse der individuellen Werte- und Zielklärung notwendig, in denen das eigene umweltbezogene Verhalten vor dem Hintergrund des eigenen Selbstkonzepts und der eigenen sozialen Identität reflektiert wird.

Derartige Prozesse finden gegenwärtig am ehesten im Kontext von Coachings zur Persönlichkeitsentwicklung statt, in denen sich Menschen beispielsweise gezielt mit ihrer Work-Life-Balance oder der Gestaltung biografischer Umbrüche auseinandersetzen. Für den Umgang mit dem Klimawandel liegen gegenwärtig noch keine ausgearbeiteten Coachingkonzepte oder -maßnahmen vor. Gleichwohl lassen sich Konzepte und methodische Strategien benennen, die ein psychologisch fundiertes Klimaresilienzcoaching berücksichtigen sollte.

4.5.2 Coaching für eine individuelle Klimaresilienz

Den Ausgangspunkt für ein Coaching zur Steigerung der individuellen Klimaresilienz sollte dabei eine Auseinandersetzung mit den negativen Emotionen beinhalten, die aus der Wahrnehmung der Bedrohung durch globale Umweltveränderungen resultieren, wie z. B. Angst, Sorge und Hilflosigkeit. An dieser Stelle sind emotionszentrierte Formen des Copings angemessen, die eine akute emotionale Überlastung verhindern und Menschen dabei unterstützen, handlungsfähig zu bleiben. So besteht beispielsweise für Umwelt- und Klimaaktivist*innen die Gefahr, durch ihr Wissen über den Klimawandel und aufgrund ausbleibender Erfolge ihrer Bemühungen, etwas gegen diesen zu unternehmen, in stressbedingte Überlastungszustände zu geraten. Zu deren Bewältigung empfehlen die Psychologists for Future vierzehn Resilienzstrategien (z. B. Gefühlsakzeptanz,

Selbstfürsorge, Selbstakzeptanz und Dankbarkeit in Reflexions- und Praxispha-
sen), die von unter dem Klimawandel leidenden Personen jedoch erst für sich
identifiziert und adaptiert werden müssen (Psychologists for Future, 2020).

▷ Im Folgenden wird ein Rahmenmodell für ein Coaching zur Förderung der individuellen Klimaresilienz skizziert, das die umweltpsycho-
   logischen Erkenntnisse zur Verhaltensänderung mit dem Ansatz der
   psychischen Ressourcen für nachhaltige Lebensstile zusammenführt.

Vor dem Hintergrund des IMPUR-Schemas (vgl. Abschn. 3.2) lässt sich zu
Beginn eines Klimaresilienzcoachings bestimmen, in welcher Handlungsphase
sich eine Person aktuell befindet und welche psychischen Ressourcen dement-
sprechend prioritär aufgebaut oder aktiviert werden sollten. So sollten in der
Handlungsphase der Sorglosigkeit vor allem Strategien zum emotionszentrierten Coping zur Anwendung kommen, damit klimarelevante Informationen nicht
direkt verdrängt oder verleugnet werden. Hierzu sollten die eben angeführten
Strategien im Rahmen der Klimakommunikation Anwendung finden. Personen,
die über längere Zeiträume negative klimainduzierte Emotionen erfahren, haben
die Phase der Sorglosigkeit bereits hinter sich gelassen. Gleichwohl benötigen
sie in der nachfolgenden Phase der Intentionsbildung weiterhin Unterstützung
bei der Umsetzung eines emotionszentrierten Copings, damit das Erleben der
negativen Klimaemotionen die Motivation zum nachhaltigen Verhalten nicht dauerhaft blockiert. Hierbei können die sechs psychischen Ressourcen für nachhaltige
Lebensstile dazu dienen, die individuellen Vor- und Nachteile des nachhaltigen
Verhaltens neu zu bewerten, um damit den Stellenwert der Nachhaltigkeit in den
individuellen Zielhierarchien zu erhöhen. Die Selbstakzeptanz verringert dabei
den Stellenwert des materiellen Konsums, der aus einer starken Orientierung am
sozialen Status und aus einem geringen Selbstwertgefühl resultiert. Die Selbstwirksamkeit erhöht die Bedeutung von persönlichen Zielen, die als individuell
umsetzbar angesehen werden. Die psychische Ressource der Genussfähigkeit
ermöglicht es, die Intensität von positiven Sinneserfahrungen höher zu gewichten
als deren Häufigkeit. Die Achtsamkeit verringert den Stress, der aus vielfältigen
Alltagsanforderungen und -belastungen resultiert, und ermöglicht so eine Neubewertung von persönlichen Zielen. Damit fördert die Achtsamkeit die Kongruenz
zwischen den eigenen Zielen und dem eigenen Verhalten, die vor allem durch
die psychische Ressource der Sinnkonstruktion hergestellt wird. Die Solidarität
unterstützt eine Ausrichtung der persönlichen Ziele am Gemeinwohl und kann
damit Menschen über ihr solidarisches Handeln eine Sinnperspektive bieten.

Die Phase der Handlungsvorbereitung erfordert psychologische Interventionen, die Planungsprozesse unterstützen, welche sich stark an den spezifischen Lebenssituationen der Handelnden orientieren. In dieser Phase kommen daher eher kognitiv orientierte Interventionen zur Anwendung, die nicht durch psychische Ressourcen beeinflusst werden, wie etwa das Setzen adäquater Ziele oder das Ausbilden von Implementierungsintentionen. In der nachfolgenden Handlungsphase der Umsetzung unterstützen die beiden psychischen Ressourcen der Selbstwirksamkeit und der Solidarität die Ausführung eines neuen intendierten Verhaltens. Während positive Selbstwirksamkeitserwartungen die Ausführung des Verhaltens auf individueller Ebene fördern, stärkt die Solidarität über wechselseitige soziale Unterstützung das kollektive Handeln. Zur Aufrechterhaltung des innovativen nachhaltigen Verhaltens leisten dann in der Phase der Routinisierung fünf psychische Ressourcen einen substanziellen Beitrag. Als zwei Facetten der Selbstwirksamkeit fördern hier Überzeugungen, das neue Verhalten aufrecht erhalten zu können (maintenance self-efficacy) und Rückfälle in alte Verhaltensmuster überwinden zu können (recovery self-efficacy), nachhaltiges Verhalten. Die Genussfähigkeit kann über positive Sinneserfahrungen dauerhaft Belohnungen für die eigene Person generieren. Die Achtsamkeit verringert die Wahrscheinlichkeit, aufgrund hoher Stressbelastungen in alte automatisierte Verhaltensmuster zurückzufallen. Ebenso wird die dauerhafte Ausführung des innovativen nachhaltigen Verhaltens wahrscheinlicher, wenn es als sinnstiftend erlebt wird. Dies kann durch die psychische Ressource der Sinnkonstruktion unterstützt werden. Durch die psychische Ressource der Solidarität erhöht sich zum einen die Wahrscheinlichkeit, durch andere Personen Unterstützung bei der Aufrechterhaltung des eigenen neuen Verhaltens zu erhalten. Zum anderen kann auch die aktive Unterstützung von anderen Personen mit ähnlichen Problemen zu einer emotionalen Entlastung der eigenen Person führen und somit einem Rückfall in alte Verhaltensmuster vorbeugen.

Was Sie aus diesem *essential* mitnehmen können

- der Einzelne kann nicht nur über seinen ökologischen Fußabdruck einen Beitrag zu einer nachhaltigen Entwicklung leisten, sondern auch über seinen ökologischen Handabdruck, der politisches Handeln in Organisationen, Institutionen und der Zivilgesellschaft miteinschließt
- ein ökologisches Problembewusstsein, personale und soziale ökologische Normen, Kontrollüberzeugungen und Einstellungen erhöhen die Motivation für nachhaltiges Verhalten, dessen Realisierung letztendlich stark von den jeweils damit verbundenen Verhaltenskosten bestimmt wird
- verhaltensbezogene Interventionen sollten jeweils handlungsphasenspezifisch auf eine Informationsvermittlung, Motivationssteigerung, Unterstützung bei der Handlungsplanung, Handlungsausführung sowie die Routinisierung nachhaltigen Verhaltens abzielen
- die psychischen Ressourcen Achtsamkeit, Genussfähigkeit, Selbstakzeptanz, Selbstwirksamkeit, Sinnkonstruktion, und Solidarität fördern nicht nur das subjektive Wohlbefinden, sondern auch einen Wandel von Lebensstilen in eine nachhaltige Richtung
- Klimaängste nehmen in der Bevölkerung zu und müssen so bewältigt werden, dass diese nicht zu einer Hilflosigkeit der betroffenen Personen führen, sondern in ein aktives Engagement für den Klimaschutz transformiert werden können

Literatur

Ajzen, I. (1991). The theory of planned behavior. *Organizational Behavior and Human Decision Processes, 50*, 179–211.

Albert, M., Quenzel, G., Hurrelmann, K., & Kantar, P. (2019). *Jugend 2019. Eine Generation meldet sich zu Wort* (18. Shell Jugendstudie). Beltz.

Amel, E., Manning, C., Scott, B., & Koger, S. (2017). Beyond the roots of human inaction: Fostering collective effort toward ecosystem conservation. *Science, 356*(6335), 275–279.

Bamberg, S. (2013a). Changing environmentally harmful behaviors: A stage model of self-regulated behavioral change. *Journal of Environmental Psychology, 34*, 151–159.

Bamberg, S. (2013b). Applying the stage model of self-regulated behavioral change in a car use reduction intervention. *Journal of Environmental Psychology, 33*, 68–75.

Bamberg, S., Fujii, S., Friman, M., & Garling, T. (2011). Behaviour theory and soft transport policy measures. *Transport Policy, 18*, 228–235.

Bamberg, S., & Möser, G. (2007). Twenty years after Hines, Hungerford, and Tomera: A new meta-analysis of psycho-social determinants of pro-environmental behaviour. *Journal of Environmental Psychology, 27*, 14–25.

Bamberg, S., & Schmidt, P. (2003). Incentives, morality, or habit? Predicting students' car use for university routes with the models of Ajzen, Schwartz, and Triandis. *Environment and Behavior, 35*(2), 264–285.

Barbaro, N., & Pickett, S. M. (2016). Mindfully green: Examining the effect of connectedness to nature on the relationship between mindfulness and engagement in pro-environmental behavior. *Personality and Individual Differences, 93*, 137–142.

Bergquist, M., Nilsson A., & Schultz P.W. (2019). Experiencing a Severe Weather Event Increases Concern About Climate Change. *Frontiers in Psychology*, 10:220. https://doi.org/10.3389/fpsyg.2019.00220

Bierhoff, H. W., & Fetchenhauer, D. (2001). *Solidarität. Konflikt, Umwelt und Dritte Welt*. Leske + Budrich.

Brandstädter, J. (2011). *Positive Entwicklung. Zur Psychologie gelungener Lebensführung*. Springer.

Brown, K. W., & Kasser, T. (2005). Are psychological and ecological well-being compatible? The role of values, mindfulness, and lifestyle. *Social Indicators Research, 74*, 349–368.

Bryant, F. B., & Veroff, J. (2007). *Savoring: A new model of positive experience*. Erlbaum.

Clayton, S. (2020). Climate anxiety: Psychological responses to climate change. *Journal of Anxiety Disorders, 74*, 102263.

Clayton, S., & Karazsia, B. T. (2020). Development and validation of a measure of climate change anxiety. *Journal of Environmental Psychology, 69*, 101434.

Clayton, S., Manning, C. M., & Hodge, C. (2014). *Beyond storms & droughts: The psychological impacts of climate change*. American Psychological Association and ecoAmerica.

Clayton, S., Manning, C. M., Krygsman, K., & Speiser, M. (2017). *Mental health and our changing climate: Impacts, implications, and guidance*. American Psychological Association and ecoAmerica.

Corner, A., & Clarke, J. (2017). *Talking climate. From research to practice in public engagement*. Palgrave Macmillan.

CRED Center for Research on Environmental Decisions. (2009). *The psychology of climate change communication: A guide for scientists, journalists, educators, political aides, and the interested*. Columbia University.

Diener, E., Oishi, S., & Tay, L. (Hrsg.). (2018a). *Handbook of well-being*. DEF Publishers.

Diener, E., Oishi, S., & Tay, L. (2018b). Advances in subjective well-being research. *Nature Human Behaviour, 2*, 253–260.

Dohm, L., & Klar, M. (2020). Klimakrise und Klimaresilienz – Die Verantwortung der Psychotherapie. *Psychosozial, 43*(3), 161, 99–114.

Fielding, K. S., & Hornsey, M. J. (2016). A social identity analysis of climate change and environmental attitudes and behaviors: Insights and opportunities. *Frontiers in Psychology, 7*(121).

Fielding, K. S., McDonald, R., & Louis, W. R. (2008). Theory of planned behaviour, identity and intentions to engage in environmental activism. *Journal of Environmental Psychology, 28*, 318–326.

Fischer, C., & Grießhammer, R. (2013). *Mehr als nur weniger. Suffizienz: Begriff, Begründung, Potenziale*. Öko-Institut Working Papers. https://www.oeko.de/oekodoc/1836/2013-505-de.pdf. Zugegriffen: 10. Okt. 2020.

Fischer, D., Stanszus, L., Geiger, S., Grossman, P., & Schrader, U. (2017). Mindfulness and sustainable consumption: A systematic literature review of research approaches and findings. *Journal of Cleaner Production, 162*, 544–558.

Fritsche, I., Barth, M., Jugert, P., Masson, T., & Reese, G. (2018). A social identity model of pro-environmental action (SIMPEA). *Psychological Review, 125*, 245–269.

Germanwatch (2015). *Wandel mit Hand und Fuß. Mit dem Germanwatch Hand Print den Wandel politisch wirksam gestalten*. Germanwatch. https://www.germanwatch.org/sites/default/files/publication/15335.pdf. Zugegriffen: 30. Aug. 2021.

Gifford, E., & Gifford, R. (2016). The largely unacknowledged impact of climate change on mental health. *Bulletin of the Atomic Scientists, 72*(5), 292–297.

Gollwitzer, P. M. (1990). Action phases and mind-sets. In E. T. Higgins & R. M. Sorrentino (Hrsg.), *Handbook of motivation and cognition* (S. 53–92). The Guilford Press.

Hines, J. M., Hungerford, H. R., & Tomera, A. N. (1986). Analysis and synthesis of research on responsible environmental behavior: A meta-analysis. *Journal of Environmental Education, 18*(2), 1–8.

Hobfoll, S. E. (1989). Conservation of resources. A new attempt at conceptualizing stress. *American Psychologist, 44*(3), 513–524.

Hobfoll, S. E. (2002). Social and psychological resources and adaptation. *Review of General Psychology, 6*(4), 307–324.

Homburg, A., & Stolberg, A. (2006). Explaining pro-environmental behavior with a cognitive theory of stress. *Journal of Environmental Psychology, 26*(1), 1–14.

Hsiang, S. M., Burke, M., & Miguel, E. (2013). Quantifying the influence of climate on human conflict. *Science, 341*, 1235367.

Huber, J. (2000). *Nachhaltige Entwicklung. Strategien für eine ökologische und soziale Erdpolitik*. Edition Sigma.

Hunecke, M. (2013). *Psychologie der Nachhaltigkeit. Psychische Ressourcen für Postwachstumsgesellschaften*. oekom.

Hunecke, M. (2022). *Psychologie der Nachhaltigkeit. Vom Nachhaltigkeitsmarketing zur sozial-ökologischen Transformation*. oekom.

Hunecke, M., & Richter, N. (2019). Mindfulness, construction of meaning, and sustainable food consumption. *Mindfulness, 10*(3), 446–456.

Huta, V., & Ryan, R. M. (2010). Pursuing pleasure or virtue: The differential and overlapping well-being benefits of hedonic and eudaimonic motives. *Journal of Happiness Studies, 11*, 735–762.

Jackson, T. (2017). *Wohlstand ohne Wachstum – das Update Grundlagen für eine zukunftsfähige Wirtschaft*. oekom.

Kasser, T. (2017). Living both well and sustainably: A review of the literature, with some reflections on future research, interventions and policy. *Philosophical Transactions Royal Society A, 375*, 20160369.

Kasser, T., & Ryan, R. M. (1996). Further examining the American Dream: Differential correlates of intrinsic and extrinsic goals. *Personality and Social Psychology Bulletin, 22*(3), 280–287.

Kaufmann-Hayoz, R., Bättig, C., Bruppacher, S., Defila, R., Di Giulio, A., Flury-Kleubler, P., et al. (2001). A typology of tools for building sustainability strategies. In R. Kaufmann-Hayoz & H. Gutscher (Hrsg.), *Changing things – moving people* (S. 33–107). Birkhäuser.

Kleres, J., & Wettergren, Å. (2017). Fear, hope, anger, and guilt in climate activism. *Social Movement Studies, 16*(5), 507–519.

Klöckner, C. A. (2013). A comprehensive model of the psychology of environmental behavior – A meta-analysis. *Global Environmental Change, 23*, 1028–1038.

Klöckner, C. A., & Prugsamatz Ofstad, S. (2017). Tailored information helps people progress towards reducing their beef consumption. *Journal of Environmental Psychology, 50*, 24–36.

Lazarus, R. S., & Folkman, S. (1984). *Stress, appraisal and coping*. Springer.

Lozano, R., Merrill, M., Sammalisto, K., Ceulemans, K., & Lozano, F. (2017). Connecting competences and pedagogical approaches for sustainable development in higher education: A literature review and framework proposal. *Sustainability, 9*(11), 1889.

Manning, C., & Clayton, S. (2018). Threats to mental health and wellbeing associated with climate change. In S. Clayton & C. Manning (Hrsg.), *Psychology and climate change: Human perceptions, impacts, and responses* (S. 217–244). Academic.

McFarland, S., Hackett, J., Hamer, K., Katzarska-Miller, I., Malsch, A., Reese, G., & Reysen, S. (2019). Global human identification and citizenship: A review of psychological studies. *Political Psychology, 40*, 141–171.

Meadows, D. H., Zahn, E., Milling, P., & Heck, H.-D. (1972). *Die Grenzen des Wachstums: Bericht des Club of Rome zur Lage der Menschheit*. Deutsche Verlags-Anstalt.

Michalak, J., & Heidenreich, T. (2018). Dissemination before evidence? What are the driving forces behind the dissemination of mindfulness-based interventions? *Clinical Psychology Science and Practice, 25*, 12254.

Mora, C., Dousset, B., Caldwell, I., Powell, F. E., Geronimo, R. C., Bielecki, C. R., et al. (2017). Global risk of deadly heat. *Nature Climate Change, 7*, 501–506.

Mosler, H.-J., & Tobias, R. (2007). Umweltpsychologische Interventionsformen neu gedacht. *Umweltpsychologie, 11*(1), 35–54.

Ojala, M. (2013). Coping with climate change among adolescents: Implications for subjective well-being and environmental engagement. *Sustainability, 5*(5), 2191–2209.

Ojala, M. (2015). Hope in the face of climate change: Associations with environmental engagement and student perceptions of teachers' emotion communication style and future orientation. *The Journal of Environmental Education, 46*(3), 133–148.

Ojala, M. (2016). Facing anxiety in climate change education: From therapeutic practice to hopeful transgressive learning. *Canadian Journal of Environmental Education, 21*, 41–56.

Peter, F., van Bronswijk, K., & Rodenstein, B. (2021). Facetten der Klimaangst. Psychologische Grundlagen der Entwicklung eines handlungsleitenden Klimabewusstseins. In B. Rieken, R. Popp, & P. Raile (Hrsg.), *Eco-Anxiety – Zukunftsangst und Klimawandel* (S. 163–183). Waxmann.

Pihkala, P. (2019). *Climate anxiety*. MIELI Mental Health Finland.

Pihkala, P. (2020). Anxiety and the ecological crisis: An analysis of eco-anxiety and climate anxiety. *Sustainability, 12*(19), 7836.

Potreck-Rose, F., & Jacob, G. (2010). *Selbstzuwendung, Selbstakzeptanz, Selbstvertrauen. Psychotherapeutische Interventionen zum Aufbau von Selbstwertgefühl* (6. Aufl.). Klett-Cotta.

Prochaska, J. O., & Velicer, W. F. (1997). The transtheoretical model of health behavior change. *American Journal of Health Promotion, 12*(1), 38–48.

Pronello, C., & Gaborieau, J. B. (2018). Engaging in pro-environment travel behaviour research from a psycho-social perspective: A review of behavioural variables and theories. *Sustainability, 10*(7), 2412.

Psychologists for Future (2020). Klima-Resilienz fördern. 14 Strategien zum emotionalen Umgang mit der Klimakrise. https://www.psychologistsforfuture.org/wp-content/uploads/2020/04/20-04_Psy4F-Klimaresilienz-14-Strategien-13.1.2020.pdf. Zugegriffen: 07. Febr. 2022.

Raskin, P., Banuri, T., Gallopin, G., Gutman, P., Hammond, A., Kates, R., et al. (2002). *Great transition. The promise and lure of the times ahead*. Boston: Stockholm Environment Institute.

Richter, N., & Hunecke, M. (2020). Facets of mindfulness in stages of behavior change toward organic food consumption. *Mindfulness, 11*(6), 1354–1369.

Rieken, B., Popp, R., & Raile, P. (Hrsg.). (2021E). *Eco-Anxiety – Zukunftsangst und Klimawandel. Interdisziplinäre Zugänge*. Waxmann.

Rockström, J., Steffen, W., Noone, K., Persson, A., Chapin, F. S., III., Lambin, E., et al. (2009). Planetary boundaries: Exploring the safe operating space for humanity. *Ecology and Society, 14*(2), 32.

Sanson, A. V., Van Hoorn, J., & Burke, S. E. L. (2019). Responding to the impacts of the climate crisis on children and youth. *Child Development Perspectives, 13*, 201–207.

Schindler, S., Pfattheicher, S., & Reinhard, M.-A. (2019). Potential negative consequences of mindfulness in the moral domain. *European Journal of Social Psychology, 49*, 1055–1069.

Schnell, T. (2009). The Sources of Meaning and Meaning in Life Questionnaire (SoMe): Relations to demographics and well-being. *The Journal of Positive Psychology, 4*(6), 483–499.

Schultz, P. W. (2001). Assessing the structure of environmental concern: Concern for self, other people, and the biosphere. *Journal of Environmental Psychology, 21*, 1–13.

Schutte, N. S., & Bhullar, N. (2017). Approaching environmental sustainability: Perceptions of self-efficacy and changeability. *The Journal of Psychology, 151*(3), 321–333.

Schwartz, S. H. (1977). Normative influence on altruism. In L. Berkowitz (Hrsg.), *Advances in experimental social psychology* (S. 221–279). New York: Academic.

Schwarzer, R., & Jerusalem, M. (Hrsg.). (1999). *Skalen zur Erfassung von Lehrer- und Schülermerkmalen. Dokumentation der psychometrischen Verfahren im Rahmen der Wissenschaftlichen Begleitung des Modellversuchs Selbstwirksame Schulen.* Freie Universität Berlin.

Sheeran, P., Maki, A., Montanaro, E., Avishai-Yitshak, A., Bryan, A., Klein, W. M. P., et al. (2016). The impact of changing attitudes, norms, and self-efficacy on health-related intentions and behavior: A meta-analysis. *Health Psychology, 35*(11), 1178–1188.

Simpson, D. M., Weissbecker, I., & Sephton, S. E. (2011). Extreme weather-related events: Implications for mental health and well-Being. In I. Weissbecker (Hrsg.), *Climate change and human well-being. Global challenges and opportunities* (S. 57–78). Springer.

Sivanathan, N., & Pettit, N. C. (2010). Protecting the self through consumption: Status goods as affirmational commodities. *Journal of Experimental Social Psychology, 46*, 564–570.

Slow Food (2013). *Slow food's contribution to the debate on the sustainability of the food system.* https://www.slowfood.com/wp-content/uploads/2020/12/ING-food-sust.pdf. Zugegriffen: 26. Mai 2022.

Sparks, P., & Shepard, R. (1992). Self-identity and the Theory of Planned Behavior: Assessing the role of identification with „green consumerism". *Social Psychology Quarterly, 55*(4), 388–399.

Steffen, W., Richardson, K., Rockstrom, J., Cornell, S. E., Fetzer, I., Bennett, E. M., et al. (2015). Sustainability. Planetary boundaries: Guiding human development on a changing planet. *Science, 347*, 6223.

Steentjes, K., Pidgeon, N., Poortinga, W., Corner, A., Arnold, A., Böhm, G., et al. (2017). *European perceptions of climate change: Topline findings of a survey conducted in four European countries in 2016.* Cardiff University.

Stern, P. C. (2000). Toward a coherent theory of environmentally significant behavior. *Journal of Social Issues, 56*, 407–424.

Stern, P. C., Dietz, T., Abel, T., Guagnano, G., & Kalof, L. (1999). A value-belief-norm theory of support for social movements: The case of environmentalism. *Human Ecology Review, 6*(2), 81–97.

Tausch, R. (2008). Sinn in unserem Leben. In A. E. Auhagen (Hrsg.), *Positive Psychologie* (2. Aufl., S. 97–113). Beltz.

Triandis, H. C. (1977). *Interpersonal behavior.* Brooks/Cole.

Venhoeven, L. A., Bolderdijk, J. W., & Steg, L. (2020). Why going green feels good. *Journal of Environmental Psychology, 71*, 101492.

Venhoeven, L. A., Steg, L., & Bolder, J. W. (2017). Can engagement in environmentally-friendly behavior increase well-being? In G. Fleury-Bahi, E. Pol & O. Navarro (Hrsg.), *Handbook of environmental psychology and quality of life research* (International handbooks of quality of life), (S. 229–237). Springer International Publishing.

Verplanken, B., Marks, E., & Dobromir, A. I. (2020). On the nature of eco-anxiety: How constructive or unconstructive is habitual worry about global warming? *Journal of Environmental Psychology, 72,* 101528.

von Weizsäcker, E. U., Lovins, A., & Lovins, L. (1995). *Faktor Vier. Doppelter Wohlstand, halbierter Naturverbrauch.* Droemer Knaur.

Wardell, S. (2020). Naming and framing ecological distress. *Medicine Anthropology Theory, 7*(2), 187–201.

Warschburger, P. (2009). Neuere Modelle zur Veränderung. In P. Warschburger (Hrsg.), *Beratungspsychologie* (S. 82–102). Springer.

Waterman, A. S. (1993). Two conceptions of happiness: Contrasts of personal expressiveness (eudaimonia) and hedonic enjoyment. *Journal of Personality and Social Psychology, 64*(4), 678–691.

WBGU Wissenschaftlicher Beirat der Bundesregierung Globale Umweltveränderungen. (2011). *Welt im Wandel – Gesellschaftsvertrag für eine Große Transformation.* WBGU.

Webster, R., & Marshall, G. (2019). *The #TalkingClimate handbook. How to have conversations about climate change in your daily life.* Climate Outreach.

White, J. B., Langer, E. J., Yariv, L., & Welch, J. C., IV. (2006). Frequent social comparisons and destructive emotions and behaviors: The dark side of social comparisons. *Journal of Adult Development, 13*(1), 36–44.